为自己思考
终身成长的底层逻辑

AWAKEN YOUR GENIUS

Escape Conformity,
Ignite Creativity, and
Become Extraordinary

北京联合出版公司
Beijing United Publishing Co.,Ltd.

图书在版编目（CIP）数据

为自己思考：终身成长的底层逻辑 /（美）奥赞·瓦罗尔著；苏西译. -- 北京：北京联合出版公司，2023.10（2025.9重印）

ISBN 978-7-5596-7179-0

Ⅰ.①为… Ⅱ.①奥… ②苏… Ⅲ.①思维方法—能力培养 Ⅳ.①B804

中国国家版本馆CIP数据核字(2023)第164328号

AWAKEN YOUR GENIUS
Copyright © 2023 by Ozan Varol
This edition arranged with InkWell Management, LLC.
through Andrew Nurnberg Associates International Limited

为自己思考：终身成长的底层逻辑

作　　者：[美]奥赞·瓦罗尔
译　　者：苏　西
出 品 人：赵红仕
责任编辑：徐　樟
特约编辑：高继书
封面设计：袁　园

北京联合出版公司出版
（北京市西城区德外大街83号楼9层　100088）
北京联合天畅文化传播公司发行
北京美图印务有限公司印刷　新华书店经销
字数200千字　880毫米×1230毫米　1/32　8.625印张
2023年10月第1版　2025年9月第6次印刷
ISBN 978-7-5596-7179-0
定价：69.00元

版权所有，侵权必究
未经书面许可，不得以任何方式转载、复制、翻印本书部分或全部内容。
本书若有质量问题，请与本公司图书销售中心联系调换。
电话：010-65868687　010-64258472-800

谨以此书献给那些帮助我唤醒天赋的师长
尤其要感谢：

沙基尔·坎（Sakir Kan）

拜斯·坎（Baise Kan）

内里曼·米尼斯克（Neriman Minisker）

罗伯特·赖斯（Robert Rice）

威廉·奇索姆（William Chisholm）

乔纳森·拉乌（Jonathan Rau）

安妮·科兹鲁（Anne Kozlu）

史蒂芬·斯奎尔（Steven Squyres）

威廉·伯德斯特尔（William Birdthistle）

简·拉蒂默（Jane Latimer）

目录
CONTENTS

前言　该醒来了　　　　　　　　　　　　001

本书想对你说的话　　　　　　　　　　　011

Part One | 死亡

第一章　忘掉所学　　　　　　　　　　　003
第二章　弃旧　　　　　　　　　　　　　014
第三章　排毒　　　　　　　　　　　　　040

Part Two | 新生

第四章　独特的你，非凡的你　　　　　　067
第五章　发现你的使命　　　　　　　　　092

Part Three ｜ 内在的旅程

第六章　解锁内在的智慧　　　　　　119

第七章　释放玩耍的力量　　　　　　142

第八章　大胆创造　　　　　　　　　156

Part Four ｜ 外在的旅程

第九章　是谁在胡扯　　　　　　　　183

第十章　看向别人不看的地方　　　　204

第十一章　我不是你的上师　　　　　220

Part Five ｜ 彻底转变

第十二章　放开手，让未来自然发生　235

第十三章　蜕变　　　　　　　　　　245

结语　　　　　　　　　　　　　　　252

接下来做什么？　　　　　　　　　　254

天才就是最像自己的人。
——塞隆尼斯·蒙克（Thelonious Monk）

与我们内心中的东西相较，过往与未来均微不足道。
——亨利·斯坦利·哈斯金斯（Henry Stanley Haskins）

想要原创，就要回归原初。
——安东尼·高迪（Antoni Gaudí）

前言

该醒来了

> 有一条虫子沉迷于大嚼葡萄叶,无法自拔。突然间,它醒了……它不再是一条虫了。它既是整个葡萄园,也是葡萄树;它是葡萄的果实,也是葡萄的藤蔓,是无须不停吞噬也能不断生长的智慧和欢悦。
>
> ——鲁米①,《虫子的觉醒》(*The Worm's Waking*)

人在做梦的时候,感受是无比真实的。

你发觉自己正在干一件事,却没察觉到自己为何会置身于此。你回到了童年,或是居然长出了翅膀、飞上了天,对此你也没有感到奇怪。

---

① 贾拉鲁丁·鲁米(Jalaluddin Rumi,1207—1273),波斯诗人,被联合国评价为"属于整个人类的伟大的人文主义者、哲学家和诗人"。(本书注释若无特别指明,均为译者所加。)

唯有醒来之后，你才意识到，你在做梦。

生活其实也差不多。我们很难想起自己为何会置身于此，为什么做着正在做的事，为什么相信我们相信的东西。

回想一下，你每天上班走哪条路？用什么方式刷牙？习惯睡在床的哪一边？喝什么口味的咖啡？这些习惯是如何形成的？

那些你坚信不疑的信念以及深入骨髓的观点，都是从何而来的？在哪一天、哪一个时刻，你宣布自己是个自由派、保守派或其他任何派别？

在这些信念中，哪些是你百分百的自主选择？哪些是社群、学校和家庭灌输给你的？

很难说得清。

对于自己是如何走到今天这一步的，我们知之甚少。我们只知道眼下自己就在此地，于是就继续走下去了。我们像梦游一般走过人生，只会遵照早已熟悉的方式处世。作选择的时候，我们会基于习惯，而非心中的热望。我们不断加固同样的信念，得出同样的想法，作出同样的选择，于是得到同样的结果。

过去昭示着未来，此话一点不假。我们过往的选择影响了今日的举动。通过重复昨天的行为，我们将自己拽入毫无二致的、可以预测的明天。

有个词叫作"标新立异"，确实有人能做到这一点。但这4个字背后隐含的意思是，我们大多数人都是"因循守旧"的。这话真实到扎心的地步。从很小的时候起，大人就教育我们：不许捣乱，别瞎折腾，要尽一切努力融入群体——而且还不能被别人看出来你在努力。

渐渐地，我们被他人的信念塑造，我们发觉自己踏上了一条被别人重复了无数次的老路。我们遵循着他人指出的方向，可那些人既不认识我们，也压根不知道我们想去哪里。我们在别人画好的线稿上涂色。

结果就是，我们沦为自己人生的配角。

在训导之下，我们学会了向外界寻找补丁，来补缀内在的空洞——我们相信陌生人胜过相信自己。这样的训导在自助与励志领域相当吃得开——"X 的三大法则""Y 的五个秘密"，诸如此类的东西俯拾皆是。在日益精妙的算法加持之下，公司与政府机构对我们的了解胜过了我们自己——这让我们变得更容易被控制和操纵。

在内心深处，我们知道自己注定可以追求更多，实现更多。也就是说，命运将我们带到这个世界，肯定不是为了做那些琐碎惯常之事。可是我们感觉得到，那些违背天性的教导和指令把我们牢牢地束缚住了。于是渐渐地，我们沉溺于那个原本想要逃离的现实。

为了活在这个世界上，我们付出了代价——背叛自己本真的模样，也与内在的天赋失去了联系。

在你的内在，有一座巨大的、未经开启的智慧宝库。你拥有的每一种体验、听过的每一个故事、见过的每一个人、读过的每一本书、犯过的每一个错误，还有你生而为人那每一段既凌乱又美好的存在，所有这一切合在一起，构成了你。令你成为**你**的这所有一切，就是一座有待开发的巨型宝藏。

可这些智慧都被掩藏起来了。覆盖其上的，是你戴的面具、你扮演的角色，以及长达数十年来自社会的训导。这些训导告诉你：要像老师那样思考，要像父母那样思考，要像周围人那样思考，要像那些有影响力的人和意见领袖那样思考……像任何人都行，就是别像你自己。

结果就是，我们变得难以认清自己了。有太多人终其一生都不知道自己真正的想法是什么，也不知道自己真正的模样。

事实是这样的：在做"自己"这件事上，没人能比得过你自己。天地之间，你是独一无二的存在，此前不曾有过，今后也不会再有。如果你的所思所想是你的延展，如果你正在建造的东西是你独特天赋的产物，那么你必然会独树一帜；可是，如果你压抑自己，不去认领内在的智慧，那就再没有人能领走它了。那份智慧将散佚不见，无论是对你来说还是对全世界来说，都是如此。

想想拼图吧。我们每个人都是一块图片，所有人类合在一起，就能拼出一幅美好的画面。每一块小图片都重要，每一块都独一无二。要是10亿块图片都是同样的形状、同样的颜色，那就拼不出整幅画面来了。每块图片的特异之处，正是它的价值所在。如果你照抄别人的形状或是变成别人的模样，世界就失去了完整的风貌与色彩。

那些呈现出本真形状与色彩的图片，都是非凡的存在。他们从人群中脱颖而出，因为他们不照搬别人的模样；他们不受外界力量的支配，因为他们塑造了那些力量；他们不会被别人误导，因为他们主导自己的人生。

他们还有一种像"特氟龙不粘锅"般的神奇本事：他们完全不受别人意见的影响，也不会受到自己旧观念和旧身份的影响。他们能做到真正意义上的独立思考与行动，直接从自己的内心深处形成洞见，并将其贡献出来。

这些非凡的思想者是天才。说到"天才"二字，我指的不是盖世才华或绝顶聪明。用音乐家塞隆尼斯·蒙克的话说，天才"就是最像自己的人"。"天才"（genius）一词的拉丁词源指的就是每个人身上都有的、与生俱来的天赋。我们每个人都是阿拉丁，我们的精灵——或者说我们的天赋——就封存在我们的内心之中，等着被唤醒。

一旦唤醒了自己的天赋，非凡的思想者们就会把它拿出来与周围的世界分享。他们调动那股与他们共同降生于世的能量，将之化作唯有他们才能创造出来的艺术。他们不是一味地抗拒现状或扰乱现状，而是重新想象现状的模样，再从根本上塑造出新的可能。借用苹果（Apple）公司那则"非同凡想"广告里的话——那些格格不入的反叛分子，那些惹是生非的家伙，如同方孔里的圆钉一样是些异类，总是异想天开，他们不满条条框框，从不墨守成规。

但"非同凡想"并不是目的。如果一个人选择靠左走只是因为其他人都靠右，那只不过是另一种形式的循规蹈矩。这样的人依然活在对他人的反应中，并没有真正按照自己的意志生活；对那些拒绝相信科学事实、反而对诸如"地平论"和"蜥蜴人"等阴谋论深信不疑的人来说，也是如此。他们以为这些理论是自己独立思考的结果，可实际上是被部族叙事裹挟了。毫无根由的离经叛道，其实是程度更深的循规蹈矩。顽固的信念标志着因循守旧，而不是独立思考。

我们已经被训导得害怕那些能独立思考的人。一旦你让人们独立思考，很难说他们会走到哪儿去。对于现状，以及从现状中得益的人来说，独立思考的人是始终存在的危险。当独立的思想激起涟漪，国王们就颤抖了，他们的规则也在颤抖。

但**独立**思考不等于**独自**思考，它也不意味着你比别人出色，或是你理应对自己的想法情有独钟，就像那喀索斯（Narcissus）[①]爱上水塘中自己的倒影那样。孤独天才的神话只不过是神话而已。我在后文中会解释，一群各有特色、想法**各异**的人会成为你的镜子，帮你看见独自思考时看不见的东西。如果让思维各不相同的人组成"乐队"，每个人都演奏出内心最优美的旋律，那么整首交响曲将会更加美妙——这就是整体大于部分之和的意义所在。

在这个操纵横行的时代，那么多聪明人都受到了懒惰思维的引诱，如果你能以主动的态度面对每一件事，而不是被动地产生反应，那该是什么感觉？如果你能自信地说，你的信念确实源自内心，而不是从别人那儿照搬来的，那该是什么感觉？如果你能关掉"自动巡航"功能，成为一名领导者和创造者，开辟出自己的道路？如果你能依照自己的想象力行动，而不是依照"预装"的程序？如果你能以本真的面目示人，做一块独特又非凡的拼图，而不是把自己扭曲成别人想要的样子？如果你能在宇宙中留下自己的印记？

本书就是写给心怀抱负、想要在宇宙中留下印记的人的。这是一本写给"不切实际"的人的非常实用的书。如果你想觉醒并找到真正的自己，想在生命的交响乐中寻获那段唯有你才能演奏的旋律，本书会为你提供必备的工具。

全书分为五个部分。

第一部分，死亡，讲的是**先摒除那些"不是你"的东西，这样才能去探寻你是谁**。在这一部分，你会走进一所教你"忘掉所学"的学

[①] 那喀索斯是希腊神话中的美少年，爱上了自己在水中的倒影，最终化作水仙花。他的名字后来成为"自恋"的代名词。

校。我会向你揭示，当我们把自己与某个身份、信念、社群、工作、另一个人或者是旧时的自己绑定之后，我们是如何渐渐失去自我的。你还会发现，该如何清理自己的思维才能找到内在的天赋，并把精力聚焦到真正重要的事情上。你将学会"卸载"那些违背天性的"程序"，扔掉对你不再有益的东西，挣脱现状的束缚，去探索无穷无尽的可能。

第二部分，新生，讲的是**找回真正的你**。你将发现自己的"第一性原理"。你的指纹，你的形状，你的色彩——正是这些要素构成了你的天赋。我会告诉你如何让自己变得更多元，拥抱自己的各个维度，而不是掉入陷阱，将自己定义成单一的、静态的、不会进化的人。你将学到如何在人生中打开属于自己的门，而不是遇到某扇碰巧开着的门，就强迫自己硬挤进去。

第三部分，内在的旅程，讲的是**点燃你的创造力**。在这个部分，我会讲解如何独立思考，如何想出原创性的好点子，如何通过联结自己的内在智慧、深入挖掘内心的矿藏来获得洞见，从而做到"无中生有"。你将会学到，为什么"创造"并不是逼迫点子出现，而是疏通障碍，不让这些障碍阻挡创意的自然涌流。我会告诉你实用的方法，帮你发现在深海中畅游的大鱼。读到这一部分的末尾，你就能掌握非常实用的策略，能让你创造出有意义、有价值的艺术作品——无论它是一本书、一家企业，还是一个突破性的好创意。

第四部分，外在的旅程，讲的是**探索外部世界，并在内外之间找到平衡**。我会分享我自己过滤信息、识别胡扯的方法；我将解释为何我们会如此轻易地堕入智识的囚笼，以及该如何摆脱新事物、便利、流行对我们的辖制。你将学到如何看向别人不看的地方，看见别人看不见的东西，如何在平凡中发现非凡。你将会知道，为什么成功故事会蒙蔽我们,为什么善意的建议往往会误导我们,以及如何不再拿自己跟别人比较。

第五部分,彻底转变,讲的是**你的未来**。我会告诉你,为何应该把人生比作四面都有格子的立体攀爬架,而不是单向度的梯子;为什么计划会蒙蔽你的视线,让你看不见更好的可能性;在你还无法清楚地看见道路的时候,该如何迈步向前。你会明白,为什么安全网会变成束身衣,为什么放手是爱的体现,以及为什么小心翼翼的人生无异于奄奄一息的人生。

当你从过往的麻木中醒来,"矩阵"(Matrix)的幻象将会分崩离析,就像《黑客帝国》(Matrix)电影里的主角尼奥(Neo)一样,你也能看见所有那些由"0"和"1"组成的数字洪流。[①] 醒来的感觉令人震惊,也相当难受。那个渐渐清晰起来的全新自我令你感到相当陌生,因为它被你压抑得太久了。醒来的副作用还包括头痛、存在危机感,以及你困惑不已、一头雾水的朋友们。

如果你想继续在别人画好的——或是你给自己预先设定的——线稿上涂色,你总能找到理由。放下令你感到舒适和安全的东西,去追寻那些让人感到不适和不安的东西,迈入未知——也就是那些从来不曾存在过的事物被创造出来的地方——的感觉将是极度痛苦的。

可是,正如作家佐拉·尼尔·赫斯顿(Zora Neale Hurston)所说的那样,"最磨人的痛苦,莫过于心怀一个故事,却无从言说"。这本书正是为了帮助你发掘出那个故事,将其与你的内在智慧联结,让你的天赋、你的真正自我——那个你本该成为也注定成为的人——焕发

---

① 作者在此处借用了电影《黑客帝国》中的概念。

新生。

若想踏上这条归途，你不需要那颗红色药丸^①，也用不着穿上宝石红的魔法鞋子^②。

你已经到家了。

翻开书页，朝着自己迈步走回去吧。

---

① 电影《黑客帝国》中的情节，主人公尼奥如果吞下红色药丸，就可以脱离矩阵，回到真实世界；如果吞下蓝色药丸，就会继续留在虚拟世界中。

② 童话《绿野仙踪》中的情节，主角小姑娘桃乐茜的红色魔鞋可以让她瞬间回家。

本书想对你说的话

我已经等待了如此之久,
等待你把我拿起。

穿越时空,我向你而来。

我看见你的全部篇章,
有神奇的力量在你的疯狂中蕴藏。
我看见你眼里的光芒,
血管中未曾实现的渴望,
我看见你唇间没有说出的话语,
还有 DNA 中蛰伏的热量。

我来到这里,是为了当你的镜子,
映照出你最好的和最坏的模样。

我来到这里,是为了做你的铲子,
帮你挖掘出早已存在的宝藏。

我来到这里，是为了用锋利的纸页把你划出血痕，
将你不想听的话坦诚相告。

但是，我不会为了让你喜欢我
而改变言辞。
我不会给你送上甜腻的汽水或无味的淡茶。
我为你奉上的，是我看见的真理——除了那宏大的、优美的、凌乱的真理，
再无其他。

请记住：我不是你的真理，
你的真理存在于你的内心。
我不会告诉你该如何生活。
（因为那会使你停止生活。）

我不会说教，也不想布道，
在最后一页也没有试题要考。
你可以跳过某些段落，
把有用的拿走，其余的搁下。
你可以不同意我的观点，也可以把书中的疏漏反馈给我。
请提出你自己的问题，并给出自己的回答。

我相信文字的力量。
（我毕竟是本书嘛！）

但我最为相信的，在文字之外。

我的文字将解锁你的文字，
我的智慧将解锁你的智慧，
我的故事将解锁你的故事。

在你返回光明之地的旅程中，
我会在黑暗中伴你左右。

我已经迫不及待，
满怀欣悦地等着见证
那个非凡的你。

第一部分
Part One

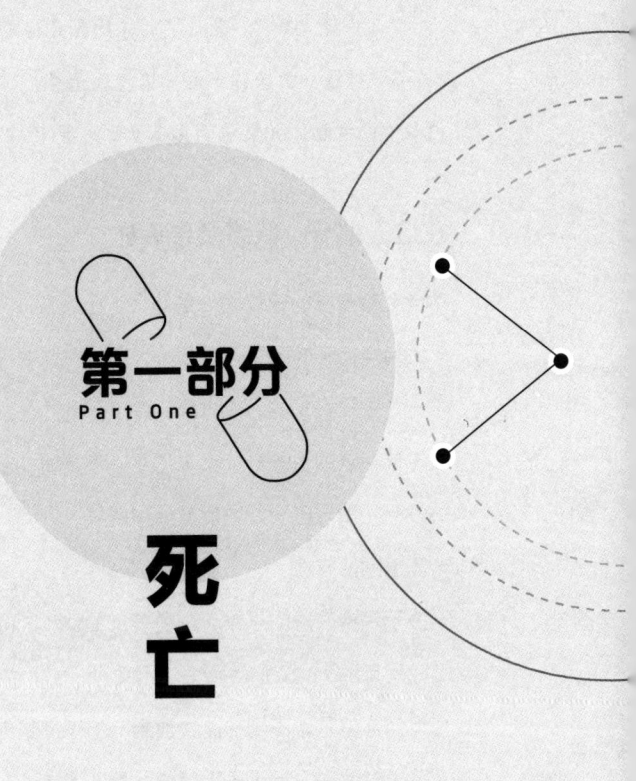

死亡

第一部分包含三章：

1. 忘掉所学：修复教育系统造成的破坏
2. 弃旧：把"不是你"的东西舍弃掉，这样才能发现你是谁
3. 排毒：把头脑中的垃圾清理干净，这样你才能看见蕴藏在内心中的智慧，并聚焦于真正重要的事情

在这一部分，我将会告诉你：

☆ 世上最糟糕的建议之一是什么（还经常被人反复强调）

☆ 为何坚持不懈会适得其反

☆ 一个违反直觉的、想出原创好点子的方法

☆ 你最稀缺的资源是什么（提示：不是时间或金钱）

☆ 关于"做自己"，蛇能教给你的事

☆ 冥想的黑暗面

☆ 关于保持开放的思维、避免确证偏误（confirmation bias）[①]，我使用的3个方法

☆ 为何你总是做不到"面面俱到"（以及如何应对这种状况）

☆ 关于高效率，世人告诉我们的最大谎言

☆ 我们急需的一种情感是什么，以及它如何帮助你更清晰地看见自己

[①] 确证偏误，即人们总是倾向支持自己的成见和猜想。当我们认定了一个观点，大脑就会持续地、有选择地寻找证据来证明这个观点是对的，同时忽略那些不利的证据。

第一章　忘掉所学

把学校、教堂或任何一本书教给你的东西重新检视一遍，但凡有辱及你灵魂的东西，一概不予理会。

——沃尔特·惠特曼（Walt Whitman），

《草叶集》（*Leaves of Grass*）序言

"这孩子没问题"

吉莉恩·林恩（Gillian Lynne）曾被认为是个问题儿童。她在学校的表现奇差，连乖乖坐着都做不到，更不用说集中注意力了。她实在太活跃、太爱动了，大家都说她"尖屁股，坐不住"。

彼时是20世纪30年代的英国，多动症这个词甚至都还没有出现。林恩的妈妈担心孩子有毛病，就带她去看了医生。

那次问诊改变了林恩的一生。

真正重要的是那位医生没做的事。他没有给林恩贴上"不对劲"的标签，没有让她安静下来，也没有不假思索地给她开药方。

相反,他决定追随直觉:他打开收音机,然后请林恩的妈妈跟自己一起离开房间。

大人们前脚刚走,林恩就动了起来。随着乐声扬起,她忍不住跳起舞来,整个房间都成了她的舞台,她甚至跃上了医生的桌子。"我没注意到的是,"林恩后来在自传中写道,"他的房门是那种漂亮的老式玻璃门,带蚀刻花纹的那种,医生和我母亲就在门那边看着我。"

看着林恩跳舞的样子,医生微笑着转向她妈妈。

"这孩子没问题。"他说,"她是个天生的舞者——您必须马上带她去上舞蹈课。"

(咱们能先在这儿暂停一秒钟吗?这医生也太厉害了吧!)

那个处方——**带她去上舞蹈课**——改变了林恩的人生。到了舞蹈学校,林恩发现那儿的人全都跟她一样——"我们得动起来才能思考。"她这样说。

翩然起舞的一生从此开启。林恩加入了英国皇家芭蕾舞团,还为《猫》(Cats)和《歌剧魅影》(Phantom of the Opera)编舞——这两部都是百老汇史上最常盛不衰的音乐剧。回顾在医生诊室里的那一刻,林恩说:"说真的,我的整个职业生涯……应该说我的整个人生,都要归功于他。"

绝大多数学校对待学生的方式,就像航空公司对待经济舱的乘客一样——一模一样的小包零食被分派到每一个狭窄的座位上。尽管孩子们的感知力与好奇心各不相同,但每个人得到的都是一模一样的课程设置、学习内容、计算公式。

效率高吗?确实高。效果好吗?不好。

你很难让人对自己不喜欢的科目产生兴趣。天文学家卡尔·萨根

（Carl Sagan）当学生的时候，特别讨厌微积分，他认为微积分是心怀恶意的教育界人士出于"恫吓的目的"发明出来的。直到拿起阿瑟·C. 克拉克（Arthur C. Clarke）的《行星际航行》（*Interplanetary Flight*）之后，他才改变了态度——在那本书里，克拉克使用微积分来计算星际间的航行轨道。不需要有人告诉他"学微积分对你有好处"，现在萨根自己发现了微积分的用处，他可以用它来解决那些他认为值得解决的问题。

在童年时期，孩子们会受到发自内心的好奇心的驱使。他们用充满惊奇和敬畏的眼光打量世界，不会认为任何一件事是理所当然的。接触生活的时候，他们不会带着"我知道答案"或"我应该知道答案"的预设，而是充满了想要四处探索与吸收新知的渴望。

他们会问出这样的问题：**要是世界在旋转，那我们为什么能站着不动呢？要是地球的核心那么烫，为什么地面凉冰冰的呢？云彩为什么能飘在天上不掉下来？**这些问题精彩极了，可是，在认为这种事压根不值得一问的大人们看来，它们简直烦得要命（花点时间，想想你会怎么回答）。

"走进学校的时候，孩子们像个问号，离开的时候却像个句号。"尼尔·波兹曼①这样写道。学校"治愈"了学生们的好奇心，浇灭了他们探索的渴望——这种现象太常见了。学生们不能提出自己的问题，找出自己的答案；相反，他们必须死记硬背别人的问题和别人的答案。

当学生们喜欢所学的东西时，做作业就一点也不像苦差事，那感

---

① 尼尔·波兹曼（Neil Postman，1931—2003），世界著名的媒体文化研究者和批评家，代表作《娱乐至死》（*Amusing Ourselves to Death*）、《童年的消逝》（*The Disappearance of Childhood*）等。

觉更像是在玩。喜欢上学也能显著地提高考试成绩。英国一项面对1.2万余名学生的调查研究显示，排除智商或社会经济背景的影响，那些在6岁时喜欢上学的孩子，16岁时的标准考试成绩要比其他同学好得多。

我5岁那年，父母决定把我送进幼儿园。他们没有像大多数家长那样替孩子作出选择，而是告诉我，我可以挑选自己喜欢的学校。但我不知道的是，他们早已对附近的幼儿园做过一番调研，选出了3个合适的、也能负担得起的让我来挑。

我们把3家幼儿园逐个参观了一遍，而且我可以提出在我看来很重要的问题（"你们这儿有什么玩具"）。这是意义重大的一刻——它对我的影响一直持续到今天。人生中头一回，我感到自己拥有了自主权——在父母划定的安全范围内作出我自己的选择。我可以用自己的脑瓜来思考，而不是依靠别人替我思考。

告诉孩子"参加这个"或"去做那个"是不够的，就像"应该学微积分"的指令对萨根不够一样。但是，如果你允许人们跟随兴趣的指引，全心追求自己想要的目标，生命的活力和热情就会迸发出来。

少说"是什么"，比如**我们要做的是……**，多说"为什么"，比如**我们之所以要做这件事，是因为……**。给孩子们演示一下，为什么几何与分数能帮他们修好自行车；向员工们解释清楚，为什么他们将要执行的这个新市场策略能帮助公司赢得丰厚利润；为你所做的事注入使命感，从而让顾客成为你的忠实拥趸。

如果你能做到这些，学生会成为积极主动的学习者，员工会富有团队精神，顾客会成为你热情洋溢的啦啦队。

因为他们没有任何"问题"。

他们只是需要去上"舞蹈课"。

一旦被深深感动，他们就能撼动世界。

"今天你在学校都学了些什么呀？"

渗透作用指的是分子穿过半透膜，实现浓度均衡的过程。

我正在来来回回地踱步，为高中生物考试背书复习。踱步让我进入一种恍惚的状态，让我的大脑这个半透膜得以吸收那些应当学会的信息分子。

可我没有学到任何东西。我只不过是在机械地重复一连串毫无意义的、名为"渗透作用的定义"的词语，可我压根不明白这些词语究竟是什么意思。我不明白是什么让一块膜成为"半透"（相对"全透"而言），而分子们又是怎么知道要维持浓度均衡的（难道它们长着小小的脑瓜，告诉它们要这样做？）。

其他科目也差不多。在化学实验室里，我们做的"实验"应该得到唯一的、正确的结果。如果没能得到这个结果——比如在实验中做出了某种出乎意料的东西——好奇心是不容存在的，这只意味着我们把实验做错了，必须要重复一遍，直到做"对"为止。与此同时，其他同学们早已看电影去了。

教育（educate）这个词跟拉丁语 *eductus* 有关，而 *eductus* 的意思是把一个人"潜在的、蛰伏的某种东西""引发"出来。换言之，教育本该帮助学生把已经蕴藏在他们身上的东西开发出来并培育成熟。

但绝大多数教育系统做的恰恰相反。

没有引出来，只有填进去——把知识和事实填进去。老师把课程

"内容"填塞到年轻的头脑里,学生们通过渗透作用来吸收知识,然后在考试中反刍出来。教育做的尽是被动的堆积工作,把昨天的问题和昨天的答案归拢在一处。没人教学生们如何彻底检视往日的事实,创造明天的知识,问出从不曾有人问出的问题。

死记硬背不等于理解。

你没法通过背诵瑜伽姿势而学会瑜伽,你没法单凭看书就学会骑自行车,你也没法通过记住渗透作用的定义来学习科学。正如物理学家理查德·费曼(Richard Feynman)所说,"知道一件事物的名字和了解这件事物"是两回事。

这种填鸭式的教育方法把重点放在了老师身上,而不是学生。有不少学校是这样发展壮大的:让学生们把思考外包给别人,依赖老师来获取正确答案。老师们的出发点原本是好的,可是,在绩效考核的压制之下,他们也只得把教学内容标准化,为了考试而教书。独立的想法被牺牲掉了,换来简单的、可衡量的顺从,而顺从能获得奖励:漂亮的成绩单,以及一张叫作文凭的纸。

更糟的是,一切"学习"都发生在一种专制的环境中。学校里维持着森严的等级制度,任何未经允许的动作都要受到纪律约束,孩子们需要"通行证"才能离开课堂去洗手间。规矩是专横武断的:即便嚼口香糖并不妨碍学习,也依然要受到惩罚。

虽然教育工作者嘴上说着重视创新,可很多人在实际工作中并不鼓励它。研究显示,老师们不太喜欢那些特别有创新精神的学生。这个发现在无数次研究中得到验证:爱创新的学生都不遵循传统,而不遵循传统的孩子往往都不受老师们喜欢。

结果就是,学校非但没有传授创新,还压制了它。孩子们忘记了如何创作艺术，忘记了如何大声说出自己的看法，忘记了如何积极主动地质疑。如果他们能像老师那样思考，像校董会那样思考，或是像教科书作者那样思考，就会得到奖励；如果他们用自己的头脑思考或是质疑学到的东西，是不会得到奖励的。

我在这个系统里如鱼得水。在法学院里，我以班级第一的成绩毕业，创下了学院有史以来的最高平均分纪录。但这并不意味着我比其他同学聪明，或是我会成为这所法学院培养出的有史以来最优秀的律师（事实上，只过了两年我就不当律师了）。我的考试成绩只说明一件事：我很擅长考试，很清楚教授们想要什么。每次期末考试一结束，我就会飞快地忘掉复习时学到的一切，而记住的那一丁点儿东西也很快就过时了。

绝大多数试卷册应该在封面上用大号字印上"让咱们假装……"的字样，好让人人都能意识到接下来要发生什么：

让咱们假装这张考卷里的题目都很重要。

让咱们假装每道题都有唯一的、绝对正确的答案。

让咱们假装答案都是比你聪明得多的人给出的。

让咱们假装答案会永远正确。

在这场"让咱们假装……"的游戏里，典型的问题是这样的："谁发现了美洲大陆？"它期待的答案是单一维度的、以欧洲为中心的，比如"克里斯托弗·哥伦布"（Christopher Columbus），但这种问题会把一切好奇的探究阻挡在外。

有趣得多的问题是："你是怎么发现是谁发现了美洲大陆的？"这个问题甚至能引出更多问题："'发现'是什么意思？""欧洲人来到美洲的时候，难道不是已经有好几百万人早就生活在那里了吗？""原住民一直生活在那里吗？如果不是，他们是怎么来的？走路来的？坐船？又是从哪儿来的呢？""你会从哪里寻找这些问题的解答？"

这些问题都没有简单的答案，而学生们以后在真实生活中遇到的正是这样的问题。他们带着精良的装备离开学校，准备在世上大展拳脚，可那个虚幻的世界在教室之外根本不存在。他们感到茫然若失，因为真实生活中没有被描述得清清楚楚的问题，更没有唯一的、被描述得清清楚楚的解决方案。

进入真实生活之后，权威人物或许换了人——比如说，从老师换成了经理——可背后的规矩没有变。经理要的是顺从，于是员工们就乖乖地守规矩。随后，企业就会因为死守教条和不愿改变而陷入困境。

所以，我们以后不要再问孩子："今天你在学校都学了些什么呀？"这个问题让过时的教育观念得以延续下去，仿佛教育的唯一使命就是把正确的答案教给学生。

让我们换一种问法："今天你对什么事情感到好奇？"或者："你想深入了解什么问题呢？"又或者："你准备怎么找到答案？"任何经过用心设计、能帮助学生独立思考并质疑世俗认知的问题都可以。

如果一个孩子问你："恐龙是怎么灭绝的？"请你忍住讲授"小行星撞地球"的冲动。相反，你可以这样问："你觉得是什么东西把它们杀死了？你打算怎么找答案？"当他们回答了你，你可以接着提问，引出更多回答，让他们看到，界定问题的方式往往不止一种，有可能正确答案也不止一种。

如果一个员工跑来问你："关于这个问题，我该怎么做？"不要马上给出又快又好的解决办法。让他们自己琢磨琢磨，提出方案。当你把正确答案"喂给"别人的时候,就好比一个健身教练想通过替学员举铁来"帮助"他们。

说到底,重构传统观点的能力远比照搬重要得多。

艺术家都上哪儿去了

"这间屋子里有几个艺术家?"

在贺曼贺卡(Hallmark Cards)公司长期任职的艺术家戈登·麦肯齐(Gordon MacKenzie)在访问学校的时候,总会问这个问题。

反应总是一样的。

在一年级的教室里,所有孩子都会从座位上蹦起来,把小手举得高高的。

在三年级的教室里,30个孩子大概有10个举手。

到了六年级,只有一两个孩子会不情不愿地举起手——教室里的其他孩子都在东张西望,看谁会愿意承认自己这么不正常。

据说,毕加索这样说过:"每个孩子都是艺术家。问题在于,长大之后如何保持这个身份。"随着学生贷款和房贷越积越多,我们陷入旧模式中,渐渐看不见心里那个艺术家了。

词汇也能反映出这种变化——我们甚至不再说"艺术"这个词,而是改说"内容"。每当听到有人说自己是"内容创作者"的时候,我的内心就会死掉一点点。

内容是你塞进手提袋里的东西,那是你在装配线上制造出来的东西。没人想在清早起来就着咖啡阅读内容,也没有哪个真心尊重自己的创作者想去生产内容。

因为内容是庸常的,是可替换的,内容创作者是可以被取代的,而艺术家不可以。

艺术不仅仅是报酬低微的艺术家们在工作室里鼓捣出来的东西,它不一定非得是实物。只要你在重新构想现状,或者——借用作家詹姆斯·鲍德温(James Baldwin)那令人难忘的形容——只要你在"扰动平静",你在生活中做的任何事情都可以是艺术。

你在工作中设计出的那个新战略是艺术。

你教养孩子的方式是艺术。

你装饰家居的方式是艺术。

你说话的方式,你微笑的方式,你生活的方式——全都是艺术。

如果你把自己的创作称为"内容",或是不肯认为自己是艺术家,这种心态会在创作结果中体现出来——它们必将是平庸的。你会让现状变得更加牢固,你会令人无聊到想哭。这个飞速进化的世界需要我们每个人都是艺术家,而你即将被它远远甩在身后。

艺术家霍华德·池本(Howard Ikemoto)7岁的女儿有一天问他:"你是干什么的?"他回答说:"我在大学里当老师,我的工作是教人画画。"她困惑地接着问:"你的意思是,他们都忘啦?"

是的,他们都忘了。你是否曾经看着镜中的自己,疑惑发生了什么?你多半会认为自己比镜中人年轻。这是因为在你的内心深处,有一个永葆青春的核心,即便躯体会老去,它也永远年轻。在那个永葆青春的核心,有一间永恒存在的工作室,里面有一位艺术家——那个一年级的小家伙从座位上蹦起来,告诉世界,自己是个艺术家。如果我们能跟那位内在的艺术家重新建立联结,重新找回年轻时的好奇心,我们就能活得越来越丰盈美好。

所以，拿出你心中的画笔，开始尽情涂鸦吧！

空白的画布正在等待着你。

你会创作出什么呢?

第二章 弃旧

> 每一次创造都始于破坏。
>
> ——毕加索

蛇教给我们的事

自古以来,蛇就是转变的象征。

与人类皮肤不同的是,蛇的皮肤无法随着蛇的生长而生长。在蛇的一生中,它的躯体会逐渐长大,终至某一时刻,它必须要蜕去旧皮,换上新的。

这个过程**非常难受,很不舒服**。蛇要不停地蜷曲、扭动,直到彻底与旧躯壳分离,再从中爬出。如果一条蛇能成功地完成整个过程,旧皮就会被舍弃掉,取而代之的是鲜艳的崭新外皮;但是如果没能蜕皮成功,它就会失明甚至死去。

在前半生,我就曾经蜕掉好几层皮肤:火箭科学家,律师,法学院教授,作家和演说家。

在每次转型之前，我都会有非常难受的感觉——某些事不对劲了。我会做出一些大大小小的调整，但某一时刻，我的旧皮肤再也无法容纳内在的成长。曾经合理的选择不再合理了。

比如说我从火箭科学专业转到法律专业的时候。我在大学里念的是天体物理专业，后来加入了"火星探测漫游者"计划（Mars Exploration Rovers）的执行团队。我非常热爱这项使命，也喜欢为了把探测车送上火星表面而解决一个个实际问题，可是我不喜欢那些必修的理论数学与物理课。我对天体物理学的热忱渐渐消散了，转而对社会中的"物理学"越来越感兴趣。尽管这意味着放弃倾注在火箭科学上的 4 年时光，我还是选择尊重自己的好奇心——它已经流向了一个截然不同的方向——决定去上法学院。

放弃旧的，我会暂时失去平衡。可如果不放弃，我会失去自我。

我们往往会把自己与外在的那层表皮混为一谈，可表皮不是我们。那层表皮只是我们目前碰巧披在身上的东西，昨天它是合适的，但现在我们已经长大。然而，我们往往会发现自己难以离开它。我们抓着不喜欢的工作不肯放手，表面上它显得很光鲜，可实际上简直是在消耗灵魂；我们留在一段没有出路的感情关系中，不肯承认双方已经貌合神离。为了留在我们自行修建的名叫"现状"的牢狱之中，我们牺牲掉了未来的无限可能。

当你不去改变的时候，实际上你已经作出了选择。保持原状的决定本身就是个选择——而且是一个不符合自然规律的选择。我们身体上的这层皮肤每过一两个月就会更新换代，可由信念、感情关系、事业构成的那层皮肤远比真实的皮肤牢固得多。

弃旧是违背传统观念的——我们都听过那句善意的忠告：永远不

要放弃。我们推崇毅力、韧性、坚持不懈，还给放弃打上了巨大的耻辱标签：放弃是丢脸的事，放弃意味着你失败了。"胜者永不放弃，放弃的人永不会取胜。"人们都这样说。

确实，不少人在本该坚持下去的时候放弃了。如果只是遇到一点困难或失败了一两次，那你不应该放弃目标。

然而在应该放弃的时候，很多人还要继续硬扛。毅力非常重要——但你不能被它蒙蔽，看不见其他的可能性。如果你反复去做行不通的事，或是当一件事情早已完成了它的使命，可你却依然紧抓着它不放，这种坚决的态度就毫无意义。37岁的你与27岁时的你之间，共同点已经不多了。如果你不相信这话，去看看自己10年前在社交媒体上发的帖子，看看从前的你跟世界分享的是什么。等尴尬劲儿过去了，请你仔细想想，为何你还要继续坚持那个人当年作的选择。你今天要做什么，不一定非得受到昨天所做的事情的辖制。

即便是对你有益的事，也有可能演变成负担。在一则佛教故事中，为了渡过湍急的河流，一个人造了一只木筏，靠它安全地抵达了对岸。他扛起木筏，走进森林。木筏绊上了树枝，减慢了他行走的速度。可他不肯抛下木筏。**这是我的木筏啊！**他心想。**我亲手做的！它救了我的命！**可是为了在森林里活下来，他现在必须放弃那只在河上救过他命的木筏。

有一点不要搞错：蜕掉旧皮确实是非常痛苦、非常难受的。旧皮肤给了你确定感，它让你感到安全又舒适，你已经被它保护了好几年，甚至是好几十年。随着时间流逝，它渐渐化作你的身份，因此，换上一层新皮，意味着你要改变自己。

做加法很容易，但做减法很难——真的很难。当我们在一件事情上已经投入了很多精力和资源之后,就很容易掉入沉没成本的误区,不肯放弃(**这个项目我已经做了两年,现在怎么能放弃!**)。我们就像一条顽固的、不肯蜕掉陈旧死皮的蛇——即便崭新的皮肤正在迫不及待地生长成形。

我们渴望得到没有的东西,却又害怕失去已经拥有的。

如果这一路走来你做得很成功,那你还要面对另一个强劲的对手——你的小我。那个部分的你陶醉于职位、高薪、荣誉,不经过一场恶战,它是不会低头的。它会拼命踢打、尖叫,会尽一切努力说服你:你就要犯下这辈子最大的错误。绝望的小我会问:**这件事情我都做了这么多年了,要是停下,我该怎么办?要是我放弃律师或资深高管的头衔,我会失去什么?更重要的是,我会是谁呢?**

可是,还有一个更加重要的问题是你应该问的:

如果放开手,我将得到什么?

我人生中的许多积极变化都来自做减法,而不是加法。相较我做了什么而言,更令我自豪的是我停止了什么。

当你按兵不动的时候——当你紧抓着束缚你的旧皮不肯放手——你其实是冒风险的。一张画布可能从此空白,一本书无人动笔,一首歌未经吟唱,一段人生不曾被酣畅淋漓地充分体验。如果你继续做着那份消耗灵魂的、死水一潭的工作,就没法寻找到让你焕发光彩、照亮世界的事业。如果你接着读那本糟糕的书,只是因为你已经读了开头几章,那你就没法找到那部直击你内心深处的、有震撼力的作品。如果你还留在那段不和谐的感情关系中,只是因为除却一切挫败和磕绊,你依然深信能够改变对方,那你就找不到能滋养灵魂的爱情。

请牢记按兵不动的代价,陷于停滞的痛苦,以及你的潜力凋零枯萎的样子。有句话说得好：有不少行差踏错，皆因不曾迈步。

况且对于人类来说，放弃未必是永久的。有件事蛇做不到，但你可以：要是你想念那张"旧皮"，再披上就是了，你可以走回头路。比方说，如果创业不适合你，你可以再回到职场打工啊。当初令你取得成功业绩的技能一样也没少，而且现在你还拥有了创业者的视角，回到原地与从未离开可不一样。你会知道，你找到了真正适合自己的地方——即便这个地方是你出发的起点。

如果你感到活得很沉重，很可能你正扛着那只不再有用的木筏。如果你感到很难继续适应旧模式、旧关系、旧想法——如果你对原本熟悉的生活感到厌倦——你很可能到了该蜕皮的时候。即便新皮肤的贴合度还不够完美，放弃旧皮也会给你带来一种非常重要的感觉：你在驾驭自己的生活。能够向自己证明，你在为自己负责，你能够创造自己的未来，这是一种无价的能力。

为了让植物不断生长并保持健康，你需要给它修剪枝叶。人也一样。一旦你把对自己不再有益的东西修剪掉——一旦你站起身来任由清风把蜕掉的旧皮片片吹散，你将看见真正的自己。

把"不是自己"的那些部分舍弃掉，你就能看见"自己是谁"了。

你不是你的身份

> 我已经与曾经的两三个自己失去了联络。
> ——琼·狄迪恩（Joan Didion），
> 《向伯利恒跋涉》（*Slouching Towards Bethlehem*）

我们从父母那里继承了与生俱来的身份：**美国人，苏格兰裔德国人，天主教徒，犹太人。**

再过几年，旁人施加的期待、愿望、角色标签也渐渐成为我们身份的一部分：**运动健将，书呆子，捣蛋鬼。**

我们的职业选择又为身份添上一层：**做市场营销的，会计，律师。**

我们给自己设定的性格判断又给它加多了几层："我是个完美主义者"，"我不表露情绪"，"我是个社恐"。

一砖一瓦地，我们构筑起自己的身份，它限定了我们在人生中能做什么、能相信什么、能成就什么。随后，我们会投注大量精力去捍卫它，维持它。

"对很多人，尤其是名人，造成伤害的，"科比·布莱恩特（Kobe Bryant）有次说道，"是他们开始用自己是'做什么的'来评价自己，也就是外界看待他们的方式：作家、演说家或篮球运动员。你开始相信，你是做什么的，就等于你是谁。"

身份是一种观念。它是我们讲给自己听的故事，是我们为了理解自己以及自己在世界上的位置而撰写的叙事。随后，我们成了这个叙事的囚徒，开始限制自己的思维、调整自己的行为，去配合这个身份。

我们说的话往往能反映出这种刻板的心态——"我是民主党","我是共和党","我吃纯素","我信奉古法饮食"①。

我们将身份与自我混为一谈,而身份会遮蔽自我。身份阻止你成为真正的自己,它会误导你,让你相信它就是你。可是,你不是你的饮食习惯,不是你的政治党派;你不是你的简历,也不是你的领英(LinkedIn)页面;你不是你住的房子,不是你开的车。用一个单一的、固定不变的身份标签来描述自己,简直是在侮辱你的广阔无垠,在遮蔽和压制你的无穷潜力。

到最后,变成了我们为身份服务,而不是改变身份,让它为我们服务。我们的叙事变成自我实现的预言:如果你告诉自己,你是个社恐,你就会逃避社交,这会让你的社交能力变得更差,让你在社交时愈发忸怩不安,愈发不自在;如果你告诉自己,你不表露情绪,你就会选择更加封闭的生活态度,把围墙修筑得更高;如果你自认是个完美主义者,你就会经常瞄准那种不可能实现的、海市蜃楼般的完美目标,让自己更加符合这个标签。

身份也会令我们更容易被他人分门别类。如果你有一个固定的身份,电脑算法就能更容易地把那些觉得你肯定会买的小玩意儿推荐给你;政客们更容易起草文章,煽动你的情绪;媒体公司也更容易向你推送那些你会感兴趣的内容。拒绝被身份定型,能让选择权重新回到你手上。

"我是……"这个句式中的省略号代表的标签越少,在探索真正

---

① 古法饮食(Paleo Diet)也叫原始人饮食法。这种饮食法则提倡回归旧石器时代的人类饮食,以瘦肉、鱼类、蔬果为主,不吃谷物、乳品、糖,以及一切经过化学加工的食物。

自我的路途中，你拥有的自由就越多。这就是佛家所说的"无我"——揭开一层层的身份面纱，你的真我才能显露出来。"成为无名氏，成为任何人，甩脱那些提醒你'你是谁''别人认为你是谁'的枷锁。"作家丽贝卡·索尔尼特（Rebecca Solnit）这样写道。如果你能让电脑算法或市场调研人员困惑不已，如果没有钩选框能够限定你的维度，你就知道，你走在正确的道路上了。

为了让真正的你——你应该成为的那个人——诞生，你必须忘记"你"是谁。

本章接下来的内容会为你提供一些建议，帮助你与身份解绑，寻回自由。

你不是你的信念

> 你会发现，有许多我们坚信不疑的真理，
> 在很大程度上取决于我们自己的视角。
> ——欧比旺·克诺比（Obi-Wan Kenobi），
> 《星球大战6：绝地归来》（*Star Wars: Episode VI-Return of the Jedi*）

学术界有句老话：学术圈的政治如此险恶，是因为风险如此微小。

我曾经亲身体会过这句话。刚当上教授那会儿，我写了一系列抨击我那个领域里传统观念的文章，因此惹恼了好几位德高望重的专家学者。

在一次尤其令人难忘的会议晚宴上，一位老先生被我的文章气得实在够呛，以至于隔着宴会桌冲我破口大骂，说到激动处，奶油意面

的渣子都从他嘴里飞溅了出来（虽然我很想透露他说了什么，但为了体面起见，还是不说的好）。

面对这种程度的攻击，人们很难做到对事不对人。我的心跳加速、血压飙升，立即进入防御状态，无论如何也要捍卫自己的论点，就好像它们是救生艇，能保护我免遭敌人袭击似的。

我的学术观点与我的身份融为一体，并因此成了我最大的弱点。这是**我的**文章，**我的**论点，**我的**想法。这就是**我**啊。

一旦我们形成一种观点——属于我们自己的、聪明睿智的看法——我们就很容易爱上它。医生们爱自己的诊断，政客们虔诚地遵从政党路线，科学家们故意无视矛盾的假说。我们的想法变成了我们自己。被表达过许多次之后，信念变得越来越牢不可破。自我与信念融为一体，无从分辨。

事实不会影响我们的信念，信念却会影响我们对事实的选择：接受哪些，又忽略哪些。我们认定事实与逻辑站在我们这边，而对手简直是睁眼瞎，怎么就是看不见真相——但我们没有意识到，在更多时候，双方眼里的我们其实是一样的。

当信念与自我融为一体，我们就会为了捍卫自我而拥护这个信念体系。任何想让我们改变想法的尝试，在我们的感觉上都像是威胁——无论这尝试是来自我们自己，还是来自别人（这更糟）。当有人说"我不喜欢你这个想法"，我们听到的是"我不喜欢你"。于是批评变成了语言暴力，简单的意见相左升级成生死存亡的大战。

那次学术会议的经历让我想起一则寓言。一群盲人平生第一次遇到一头大象。每个人都通过触摸来了解这个奇怪的动物，而且每个人摸到的部位都不一样。一个人摸到的是象鼻，于是他说这个动物像条大蛇；另一个人摸到的是大象肚子，他认为这东西就像一堵墙；第三个人摸到的是大象尾巴，于是说它像条绳子。在寓言的一个版本中，不同的意见引起了怒气冲冲的争吵。几人互相指责别人说谎，最后大打出手。"那是条蛇啊，蠢货！""瞎说，笨蛋，那明明是堵墙！"

故事的寓意很简单：感知塑造了现实。我们看见的并非事物的本然，我们看见的是我们自己。

虽然我们的体验可能是真实的、准确的，但它也是主观的、有局限的。它并不是全部的真相。我们没有看见房间里的大象。我们只感知到了它的一部分。

那位老先生和我就像寓言里的盲人。信念将我们的双眼牢牢遮住，让我们看不见对方的视角。

如今，当我不同意某人的看法时，我会尽力换个方法来应对。我不再立即假定对方是错的，我是对的，而是会这样问自己：如果他们的观点是正确的，哪些前提条件必定为真？**他们看到了哪些我没有看到的东西？我错过了大象的哪一部分？**

和别人交流时，我们的目标不是评判对方或批评对方（只在心里想、不说出来也算），也不是说服对方，或在争论中获胜。研究表明，我们越是努力地说服对方，就越发说服了自己，于是我们的信念就变得越发牢固。其实，交流的目标应当是带着好奇心去了解——努力地搞清楚对方看到的是大象的哪个部分，以及为什么他们看到的是这些；应当是"多跟我说说"，而不是"你是错的，我来告诉你为什么"。

想要运用这个"以好奇心取代好胜心"的心态，有一个不大寻常的方法。下次当你不同意某人的观点时，什么都别说，先把对方的话复述一遍,直到对方认可为止。而对方也要做同样的事,即先复述你的观点,得到你的认可之后再做出回应。这个规则打破了沟通中一个极为常见的现象:一心想着如何既聪明又漂亮地反驳对方,结果压根没听见对方在说什么。在下次的工作会议中或遇到争论时试试看。也请你记住作家村上春树的良言:"争论,获胜,相当于击碎了对方心目中的现实。现实碎裂是很痛苦的,所以请善良一点吧,即便你是对的。"

每当你发现一个新的视角,你就改变了自己对世界的看法。世界本身并没有变,但你对它的感知变了。如果我被困在这里,只能摸到大象的耳朵,那么,要是我想了解象牙是什么样子的,唯一的办法就是借助另一个人的力量。

这并不需要你改变自己的看法,你只需看到他人的观点。"受过教育的头脑的标志,"亚里士多德(Aristotle)这样说道,"就是能在不接受一个观点的情况下欣赏它。"

诀窍就是把你的身份与信念剥离开,这样你就可以清楚地看见你的信念,诚实地做出评估,并在必要时放弃它们。一旦你摘下由信念组成的眼罩,你就能更加清晰地看见世界——以及你自己。

以下就是运用这种心态的3种方式:

1. 不要把想法与身份混同起来。

用可擦除的墨水来书写你的意见,这样你就可以修改它们。不要说:"这是我的信念。"换个说法:"这是我目前对这件事的理解。"这种措辞清楚地表明,我们的想法和意见是有待完善的,是可以不断改变和迭代更新的——就像我们自己一样。正如爱玛·戈德曼[①]所说："'我相信……'是个过程，而非结论。"

2. 安抚气鼓鼓的小我。

改变想法最难的部分，就是承认你曾经相信的东西是错的。绝大多数人的小我都不愿意承认这一点。

所以，告诉你的小我，它没错。为了让它消气，告诉你自己，鉴于当时你所知道的东西，你确实是对的，因为你只看见了"大象"的一部分。但现在你得到了新的信息，能知道之前看不到的部分是什么样子的，所以你的信念应当随之改变。这样一来，你没有否定从前的自己，你只是把它迭代升级了。

3. 问自己一个简单的问题。

选一个你坚信不疑的信念。问问自己，**什么事实能够改变我对这个问题的看法？**

如果答案是**没有事实能改变我的看法**，那么你根本没有看法。

你**就是**那个看法。

---

① 爱玛·戈德曼（Emma Goldman，1869—1940），美国无政府主义者、反战主义者、女权主义者。

美蕴含在复杂之中

> 在好与坏之外，远远的地方
>
> 有一片原野。
>
> 我在那里等你。
>
> ——鲁米，《大篷车》(A Great Wagon)

"爱你，爱你，爱你，"梅根在电话里对母亲说，"10天后再跟你聊。"

随后梅根去参加冥想静修，这是一场象征着她与恋人分手后的翻篇之旅。专注于内在的10天修习，将帮助她重整旗鼓。她选中的那家静修中心把冥想称作"人人适用的疗法，治愈一切病痛"，能让人从"所有痛苦"中"彻底解脱"。

静修期间，梅根必须上交手机，不能说话，保持"高贵的静默"。每天她要冥想将近11小时，盘腿坐在垫子上，专注于呼吸。

到了第七天，暗影笼罩了梅根。

在冥想中，她开始感到沉重，一种"无边无际的恐惧"攫住了她。她开始失去现实感——以及自我感。她不停地想：**这是世界末日吗？我要死了吗？是神在惩罚我吗？**

当梅根的母亲和妹妹到静修中心来接她的时候，她拒绝了。"你不是真实的，"她对妹妹说，"你是我创造出来的幻象。你不过是个投射。"

回到家之后，梅根的问题并没有得到缓解。静修结束后几个月，她结束了自己的生命。

当我第一次读到戴维·科塔瓦（David Kortava）撰写的这篇关于梅根的悲剧报道时，我忍不住想，这是个极端特例。我定期做冥想已将近10年，经常热情地跟别人宣扬冥想的好处。

在世俗认知中，冥想是一种普适的疗法。在一次采访中，阿里安娜·赫芬顿（Ariana Huffington）捕捉到了这种盛行的认知："看看这张清单：抑郁、焦虑、心脏病、记忆、衰老、创造性。冥想对这些都有好处。这就像是19世纪的蛇油瓶子上贴的标签！只是这种包治百病的疗法是真的，而且还没有副作用。"

但现实往往更加复杂微妙。对许多人来说，冥想确实能提升幸福感；而对有些人来说，效果相反。

有一项研究系统地梳理了83份关于冥想的研究报告，其中涉及的受访人超过6700个。这些报告中，有65%的人至少提到了一例冥想产生副作用的案例。"我们发现，在冥想活动期间或过后出现副作用的现象并不罕见，"研究者总结道，"而且副作用有可能出现在此前没有精神健康问题的人身上。"

我把这项研究放到了电子邮件订阅里，跟读者们分享。在那篇帖子里，我深入探讨了刻板分类的思维方式的危险性，比如黑与白、好与坏、错与对、是与否。那是我最受欢迎的一篇帖子，绝大多数读者都认同它的核心观点：世上没有所谓普适疗法这种东西。即便是一件"好事"，也未必能在所有情况下、对所有人都好。

有趣的是，这篇文章也让我收到了很多抗议邮件，在我的印象里，我没有哪篇文章的负面反馈能超过它。以下就是例子：

"你把大家吓得都不敢做冥想了，你有什么毛病啊？"

"说你这篇文章不负责任都是轻的,我退订了。"

"你是个骗子,干点好事吧。"

很讽刺,是不是?面对一篇不过是探讨事物的微妙性与模糊性的文章,一些对冥想最为热诚的践行者立即作出了气愤的回应。

很没"禅味"啊。

我认为他们的反应非常符合人性——我们不愿容忍模糊。我们发现,要是把事物都做个简单又清楚的分类,并且让它们都乖乖待在里边,事情就容易多了。冥想很好;冥想一点没用。念大学是必需的;念大学毫无意义。埃隆·马斯克(Elon Mask)是个英雄;埃隆·马斯克是个恶棍。

我们没有去看黑白两极之间的所有灰色,而是把一切能引发疑问的证据都排除在外。从这个角度来说,最好把关于冥想副作用的同行评议压下去别提,不要去破坏那幅干净整洁、单一维度的美好画面:冥想是一种普适的好疗法。

我们也是这样对待人的。我们把世界上的人分成英雄和恶棍,压迫者与被压迫者。这就是典型的好莱坞模板:好人打败了坏人,从此人人都过着幸福的生活。你永远别指望好人身上有一丁点儿坏,或者坏人身上有一丁点儿好。没有空间留给微妙的差异或精细的判断。这种模板很成功——因为它符合人的天性。

雅努斯(Janus)是一位长有两副面孔的罗马神祇,他的超能力是同时看见不同的方向。有独立思考能力的人就像雅努斯,能同时考虑多个不同的视角。目标不是调和矛盾或解决争端,而是容纳不同的观点,与它们共存。这就好比认识到光是波,**同时也是**粒子;能够理解冥想练习对有些人是奇迹,对另一些人就可能引发问题。

我们对二元思维的喜爱，一部分源自教育体系。学校是制造确定性的工厂。它不会让模糊给我们造成困扰，也不会让复杂微妙来挡道。

教科书里找不到"我猜"这种字眼儿，教科书里没有哪条知识是暂时成立或有待完善的。教科书的世界就是一系列一维的、非对即错的答案，这些答案由一群远比你聪明得多的人发现。你的任务就是把它们背下来，往前走。

就这样，确定性取代了一切思考。它成了理解的替代品，它扭曲了现实，为的是跟叙事匹配。它划出冷冰冰的分界线，令观点不同的人们相互疏远、敌对。

在向着确定性飞奔的路途中，我们忽略了"不确定"的圣地，那里也是"说不准"和"保持心态开放"的圣地。想要察觉到事物的微妙性，播下新想法的种子，这些因素都不可或缺。我们不一定要把每个想法都视作同等重要，或是确保每一个能想到的观点都被展示出来。重点是始终保持开放的心态，并且意识到，真相与真相之间未必就是相悖的。

我喜欢跟自己的观念保持一种"松散"的关系。我能够欣赏不同的观点，同时并不接受它们。时不时地，我甚至会干点"想一套、做一套"的"虚伪"小把戏。如果我发觉自己的行为和观念不一致了，我会把它当成一个信号：我的观念需要改改了。对于思维来说，改变可是好事，时不时地就该做一做。我跟我的信念之间的关系越是松散——这正是冥想要教给我们的事——我就越有可能改变想法。

"对一流智慧的测试，"作家弗朗西斯·斯科特·菲茨杰拉德（Francis Scott Fitzgerald）有次这样写道，"就是看一个人有没有能力在头脑中同时持有两个截然相反的观点，而且依然能照常行事。"

当我们把"凡事要分个一清二楚"的思维倾向搁在一边，并且意识到世上几乎所有的事物都是"连续统"，并不存在泾渭分明的分界线，唯有在这种时候，现实才会逐渐现出真身。在这种连续性之中，答案会随着时间和情境发生改变。今天接近正确的答案，到了明天很可能就接近错误了。

我们可以不固守某个单一的意见，而是学会欣赏各种各样的观点，并且不执着于任何一个；我们可以不唱单一的旋律，而是把它变成复调；我们可以不按照均一的鼓点齐步走，而是跳出各自的舞步，在令人惊喜的节奏中尽享欢畅。

如果你可以允许对立的想法携手共舞（同时脑子还能不宕机），它们就会谱写出一首盈满额外产生的优美乐声交响乐——以新创意的形式涌现出来。这首交响乐远比原先的单调旋律美好得多。

换上这种心态后，你就掌握了多重视角的魔法，能够看穿由单维故事制造出来的虚假幻象。

说到底，在复杂中蕴含的美好数不胜数。比起一个确定的世界，多维的世界远远有趣得多——而且更为准确。

你不是你的部族

心理学家亨利·泰弗尔（Henri Tajfel）对研究种族灭绝者的心理很感兴趣。

他是波兰裔犹太人，"二战"期间在法国军队中效力。他被德军俘虏了，却在大屠杀中幸存了下来，因为德国人没发现他是犹太人。尽管泰弗尔躲过了死亡，但他的不少朋友和家人没有。

于是，他把职业生涯贡献给了一个看似简单的问题：**是什么引发了歧视与偏见？**

泰弗尔和同事们做了一系列实验。依据志愿受试者对随机问题的答案，研究人员把他们分成不同的小组。比如说，受试者会看到两幅抽象画，然后选出自己喜欢的那一幅，然后答案相同的人被归为一组。

这种分组基本上就是人为划分的结果，相当没有意义。受试者之间没有共同经历，也没有任何可能导致冲突的内在原因。

然而，受试者们迅速建立起了对小组的忠诚。他们更愿意把金钱奖励分配给自己小组的成员，牺牲另一小组的利益——即便是在他们自己得不到任何奖励，或者明明还有其他策略能让两个小组都获益的情况下。

换言之，受试者们用来区分"我们"和"他们"的差异，小得不能再小。只是简单地告诉人们，他们属于这个组而不是另一组，就足以引发他们对自己小组的忠诚，以及对另一个小组的偏见。

部族是人类经验的核心。在数千年前，对部族的忠诚是生死攸关的大事。如果你不顺从，就会被排斥、放逐，或者更糟——留下你一个人等死。

到了现代社会，部族改换了外在形式，继续存在。围绕不同的身份标签，现代的部族建立起来：民主党与共和党，洋基队球迷与红袜队球迷，书呆子与帅哥，爱看僵尸片的与爱看怪兽片的。

一旦属于某个部族，我们就会产生身份认同感。我们成为部族的一部分，部族也成为我们的一部分。

部族本身并没有问题。它将我们与想法近似的社群联系起来，创造出联结的机会。但是，当它把竞争者变成敌人，压制不同的思想并敦促成员去做一些违心之事的时候，部族文化就开始变得危险起来。

在缺少与他人的联结、渴望归属感的人群中，这种危险的部族文化会蓬勃发展。在如今这个时代，又有谁不渴望归属感呢？我们与邻居失去了联结，与大自然失去了联结，与动物、宇宙及绝大多数让人之所以为人的事物失去了联结。

部族就像磁石，我们对归属感的渴望就像金属。它让我们安心：我们是正确的，我们站在道德的制高点。它强迫我们进入一个不同的现实，在那里不可能看到另一种世界观，更不用说去理解了。就像作家大卫·福斯特·华莱士（David Foster Wallace）所说的那样，我们变成了"少数人，骄傲的人，多多少少地，时常对其他任何人的想法感到惊异"。

渐渐地，部族的身份变成了我们的身份，一旦身份与部族融合在一起，我们就任由部族来决定我们该阅读什么、看什么、说什么、想什么。我们在社交媒体中寻找蛛丝马迹，了解部族在想什么，然后就去遵从。如果我们的部族讨厌喜剧演员乔·罗根（Joe Rogan），那我们也讨厌他；如果我们的部族认为移民正在毁掉我们的国家，我们也这样认为。我们放弃了自己的声音，放弃了自己的选择，那种温暖的、舒适的、满足的归属感压倒了一切——包括我们独立思考的能力。

我们看的是叙事，而不是证据。我们根据说话人跟部族的关系来判断信息的价值；我们接受部族背书过的信息，不去调查它的真假，也不用自己的头脑思考；反过来也一样，我们拒绝对立的信息来源提供的一切资讯，不管质量如何。

任何可能导致部族解体的迹象——任何对期望中的顺从的违逆——都会威胁到部族的群体思维。它将不确定性引入了部族的确定性之中,提高了其他人可能效仿的风险。所以,如果你不听话或是不认同——如果你胆敢违抗自己的部族,或是将微妙的差别引入整齐划一的思维之中——你就会被打上耻辱的印记,被除名,被逐出门。

在《华氏451》(*Fahrenheit 451*)中,作者雷·布拉德伯里(Ray Bradbury)描述了一个反乌托邦社会。在那里,政府把书烧成灰烬,然后把灰烬再烧一遍。我们很容易把这本书看作一个关于焚书的集权国家的警世故事。

但是较难看出的是另一条故事线。真正的罪魁祸首不是政府,而是民众。在《华氏451》中,正是部族——那些爱狗的人、爱猫的人、医生、律师、左派、右派、天主教徒、禅宗信徒——浇上煤油,点燃导火索,还敦促政府也这样做。虽然作者无法掌控读者如何解读作品,但布拉德伯里坚持,这才是这本书想传达的主要信息:那些把看似异议的想法连根拔除的初级独裁者——他们以普通市民的面孔出现——很可能与极权一样危险。

给部族文化开的常见药方是同理心,可研究发现,在展现同理心的时候,人们是"偏心"的。自己部族的成员能得到同理心,外人呢?冲他的肚子再补一拳。我们瞧不起他们(**当初我跟你说什么来着**),我们排斥他们(**要是你不站在我们这边,就是反对我们**),我们嘲笑他们(**你可真蠢**)。在我们看来,他们并不是"尝试着从不同角度来摸清同一头大象"的人,而是道德败坏或脑子不大灵光的家伙。

我们排斥那些不遵从我们规矩的人。

我们排斥那些持有不同观点的人。

紧接着,如果有谁不排斥那些"该被排斥的人",我们就连他们一起排斥。

智商抵御不了这种倾向。事实上，研究显示，认知能力强的人更容易受到模式化观念的吸引，因为他们更擅长识别模式。

科技摧毁了一些壁垒，但也筑起了另外一些。我们被电脑算法分配到"回音室"中，在那儿，与我们看法相同的观点不停地来回轰鸣、激荡。当我们不断看到他人与我们的观点产生共鸣的时候，我们的自信水平就会飙升，观点会变得更加极端。反对意见是被隐藏的，因此我们假定它们不存在，或者觉得持那种意见的人肯定是脑子坏掉了。即便在某些罕见的情况下，信息流里出现了不同的观点，我们想不看也很容易：只要退订、取关或拉黑就行了——把列表筛选一遍，直到留下的都是鹦鹉学舌一般、跟我们的世界观一模一样的人。

在交流中，起作用的不是谁有理有据，而是看谁嗓门大。尽管部族的意识形态各不相同，但争论的风格却一致得令人不安：**我的观点建筑在事实和逻辑之上，而我的对手道德有问题，观点充满偏见，而且无知得令人发指。要是他们肯敞开心胸，去读某书或听过某事的话，他们就会完全明白我的意思。**

我们与他人交流，不是为了理解对方，而是为了让自己所在的部族确信，我们是站在这一边的。争论已经变成了会员卡，供我们在社交媒体或其他地方亮出来挥一挥，确保每个人都知道我们为哪一边效力。我们因说了什么和相信什么而得到接纳——而不是因为我们是谁。

这种争论不是对与错的对战，而是错与错的相争，而且真理不在两者之间——真理甚至根本没在场，它已经杳然无踪。

如果你发觉所在的群体只允许"可接受的事实"存在，那你就要当心了。禁忌是不安全感的标志，脆弱的城堡才需要高耸的围墙。想要找到最佳答案，方法不是把不同的答案抹杀掉，而是尽力理解它们。

尽力理解发生在这样的群体里：不是建筑在禁忌和教条之上，而是能够欣赏和鼓励各式各样不同的声音。

当我们在说教的时候，当我们"教育"别人的时候，当我们盲目地把自己相信的真理强加给别人的时候，当我们倒上煤油、点燃导火索的时候，当我们允许部族来决定哪些东西可以接受、哪些不能的时候，我们不可能清楚地看见别人，也不能清楚地看见自己。而且，我们会危及人性的未来。

去尽力理解对立的观点，即使"背叛"你的部族；通过询问另一个部族是如何看待某件事的，你渐渐地看见他们；通过努力了解他们，你会用更加人性化的方式对待他们；通过质疑部族的叙事——这是它的核心武器——你在削弱它的力量。

而这恰恰就是我们需要做的事。如果部族的身份没能取代我们的身份——如果我们能发展出一种独立于部族存在的、结实有力的自我感——我们就可以问出没人问过的问题，看见别人看不见的东西。

当你不与任何一方认同时——当你既不属于象牙队，也不属于象鼻队的时候——你就能成为观察者。退后几步，然后你就能看见大象那庞然的全貌。

我看见了你

sawubona 是祖鲁语[①]中的标准问候。

但它的含义远比常见的"你好"深刻。sawubona 的字面意思是"我

[①] 祖鲁族（Zulu）是非洲的一个民族，主要居住于南非。他们使用的语言为祖鲁语。

看见了你",但此处的"看见"二字指的远不只是"眼睛看到"这个动作,而是饱含深意的。sawubona 的含义是:"我看见你的个性,我看见你的人性,我看见你的尊严。"

sawubona 意味着,在我眼中你不是一个物件,不是一桩交易,不是职位头衔,也不是一个在排队的普通路人,隔在我的星巴克玛奇朵咖啡和我之间;你不是你身上穿的套头衫,也不是上次大选中的投票对象。

你存在于天地之间。你很重要。你不能被简化为一个标签、一个身份或一个部族。你是某个人的记忆。你是一个活生生的、不完美的人,你也曾体验过欢乐和痛苦,昂扬与绝望,爱与悲伤。

对 sawubona 的传统回应是 ngikhona。它的意思是"我在这里",其含义同样比字面意思更深刻:它告诉对方,你感受到了对方的看见和理解,你的尊严得到了尊重。

当我们感受到这样的理解时,我们与对方同频共振,我们看见了彼此的视角,而不是彼此视而不见,擦身而过。

在当今世界上,这是一种罕见的状态。我们连直视对手的眼睛都不愿意,更不用说透过他们的视角来看世界了。

sawubona 这个词不带一丝浮夸的成分。它意味着带着好奇心去面对别人的观点,完全无意于说服他们。

它意味着,即使我们不认同别人的某些行为,也会尽力理解他们。

它意味着,忍住冲动,别总想着把人划分成不同群体。

它意味着,我们要提醒自己,美好盛放于参差多态之中——包括参差多态的思想。

它意味着,要把"不同"视作一桩能满足好奇心的乐事,并从中学习，而不是把它看成一个有待解决的问题。

它意味着，即便我和你的观点不一样，我也会始终记得，在人性上，我们是一样的。

它意味着，在一个已经停止去"看见"的世界里，选择看见。

来一剂"敬畏心"

"哦上帝啊！看那个……就在那边！"宇航员威廉·安德斯（William Anders）高声喊道。

"阿波罗8号"（Apollo 8）标志着载人飞船首次进入月球轨道。当飞船绕着月球飞行时，安德斯瞥见一个物体正缓缓地升上地平线，他赶紧叫队友吉姆·洛弗尔（Jim Lovell）和弗兰克·博尔曼（Frank Borman）过来看。

那个物体是地球。这三个人成为首批在24万英里（约38.6万千米）之外看见家园的人类，而且他们拍下了一张标志性的照片，捕捉到了那一刻。那幅照片就叫作《地球升起》。这三位宇航员——宇航员（astronaut）这个词在希腊语中是"星星的船员"的意思——朝着月球驶去，结果发现了地球。

在月球这个有利的观察点上，人类有史以来第一次看见了自己。在漆黑的、了无生机的宇宙背景中，地球犹如一颗蓝白相间、生机勃勃的大理石球。没有国与国的分野，在这颗小小的球体上，住在针尖那么丁点儿大地方的一群人，没理由去憎恨另一群同样的人啊，没理由让忧虑和重重的心事遮蔽生命的美。"看见了地球的本来样貌——一颗小小的、蓝色的美丽星球，悬浮在永恒的寂静中，"诗人阿奇博尔德·麦克利什（Archibald MacLeish）写道，"你就会明白，我们都是地球上的骑手。在永恒的冰冷之中，在那片明亮的可爱之地，人人皆兄弟。"

在飞行任务中，洛弗尔朝着飞船的舷窗竖起拇指，于是整个地球都被遮住了。在他的大拇指后面，生活着50多亿人，还有他这辈子知道的一切。地球"只是银河系里的一个小点，在宇宙中寂寂无闻"，他这样写道。洛弗尔开始质疑自己的存在。他原本希望自己死后能上天堂，可他现在发现，自降生那一刻起，他就已经到了天堂。

距离令人清醒。"从月球看过去，国际政治显得那么鸡毛蒜皮、荒谬无稽。""阿波罗14号"宇航员埃德加·米切尔（Edgar Mitchell）解释道，"你恨不得一把揪过政客的脖领子，把他拽到25万英里之外，跟他说：'瞧瞧那个，你这狗娘养的。'"

无论是去往月球，还是去往地球上的异国他乡，正如皮克·耶尔（Pico Iyer）所写的那样："最起初，我们旅行是为了忘掉自己；接下来，我们旅行是为了找到自己。"在家里待得太久，你就会心生腻烦，视野也会变得狭窄，而异国的气息能把你从熟习与惯常中猛拽出来，打开你的感官，让你面对崭新的存在方式。

在法语中，这种感觉叫作dépaysement，也就是身在异国他乡时体会到的茫然和困惑。你的世界变得乱七八糟，原本得体的行为，现在变成不得体了；在家乡时令你火冒三丈的事情，如今你得学着冲它哈哈大笑；多数变成了少数；耳边回响的全是你听不懂的语言，你好似变回了婴儿——那时候，母语在你听来也像是天书。你再度变回了"小傻瓜"。

对于舍弃旧皮肤来说，这种状况再理想不过。我们的信念、观点与习惯是与环境绑定在一起的,换个环境之后,舍弃那些不再适合你的东西就会容易得多。这就是为什么许多抽烟的人发现,旅行时更容易戒烟。因为新环境跟家里不一样,没有那些勾起烟瘾的关联因素。

《地球升起》的照片之所以如此震撼,还有一个原因。看见我们蔚蓝色的家园在灰色的月球外缓缓升起,一种情感在我们心中油然而生。当我们在大自然中浑然忘我,当我们亲历婴儿诞生,当我们思考宇宙的广阔无垠时,心中浮现出来的是同样的情感。

这种情感就是敬畏。在我们的生活中,它已经难寻踪迹——工作中有层出不穷的问题,家里有重重压力,新闻给人带来一波又一波的焦虑。我们急需敬畏心,我们已经太久没有体验过这种至为根本的情感:它让我们与他人联结在一起,也让我们在思考时更加谦卑。

敬畏心不只让你起鸡皮疙瘩,它还能唤醒你。它让小我安静下来,让你放下对旧皮囊的执着。在一系列研究中,在观看了能引起敬畏心的视频(比如夜空)后,受试者对死刑的观点变得松动了,也更愿意去理解对移民问题持不同意见的人。另一项研究发现,敬畏心有助于人们觉察到自己知识中的不足之处。

如果你觉得生活乏味又无聊,好像被困在了旧皮囊里,就来一剂名叫"敬畏心"的解药吧。去迷失在异国他乡;在晴朗的晚上走到户外,去享受那幅最能荡涤心智的震撼美景——夜空。

当你回去时,你的家还是老样子,但你已经变了。"我们不应停止探索。"诗人 T. S. 艾略特(T. S. Eliot)写道,"而一切探索的终点,就是重回起点,并第一次了解那个地方。"

第三章　排毒

> 有许多事情,智者宁可不知道。
> ——拉尔夫·瓦尔多·爱默生(Ralph Waldo Emerson),
> 《鬼神学》(*Demonology*)

关掉外界的噪声

这是作曲家最黑暗的梦魇。

突然之间,他耳鸣了。接下来的几年间,他的听力不断衰退。为了听见自己写的音乐,他只能狠狠地敲击钢琴琴键,以至于经常把它们敲坏。

他的状况持续恶化,而且毫无治疗的希望,当时是19世纪,医学界对耳聋了解甚少。为他人生赋予意义的东西——声音——正渐渐消散,而且一去不复返。

到了四十几岁,他完全听不见乐声了。

虽然只能在想象中听到声音,他依然继续谱曲。毕竟音乐是一种语言，而他已经花了一辈子去娴熟运用。他知道音符的声音，也知道不同的乐器该如何配合协作。就算一个音符也听不见，他也能写出一整部交响曲。

耳聋令他丧失了能力，但也赋予了他能力。他能听见的越少，就越有原创精神。"耳聋并未妨碍他，实际上，这甚至增强了他的作曲能力。"他的传记作者这样写道。他早年的作品受到导师约瑟夫·海顿（Josef Haydn）的强烈影响，耳聋之后，他听不见时下流行的音乐了，所以没有再受到影响。

听不见其他音乐家的曲子了，于是他全然地听见了自己的声音。

用耶鲁大学音乐教授克雷格·赖特（Craig Wright）的话说："听障迫使他去倾听内在，而他的原创性就栖息在内心的声音里。"耳聋让他发展出一套独特的作曲风格，即将音乐提炼为最基本的元素，随后他撷取这些元素，通过一次又一次地重复某个和弦或某段旋律，同时逐级提升音高，将曲子向前推进。这种风格令他成为世上最伟大的作曲家之一。

这种风格让他成为贝多芬。

想象一下，贝多芬正坐在钢琴前面。没有干扰，没有闲聊，没有音乐，当然更没有智能手机和互联网。只有音符在他的想象中跳跃起舞。

对我们大多数人来说，这种独处的感觉就像聋了似的，于是我们用他人的想法和观点把寂静填满。"人类的一切不幸都来自……不知道如何在房间里安安静静地待着。"布莱士·帕斯卡①在17世纪这样写道。

自从那时起，这个问题变得越来越严重。从来没有哪个时代像今天一样，能这么容易地获取信息。便利带来了诸多好处，可也让人过于容易地看到他人在想什么。在贝多芬的时代，要想获得信息，你起码得去一趟图书馆或报摊，而如今只需点击和滑动，事实与观点就唾手可得。

每一条通知都演奏着别人的曲调，每一封电子邮件都把我们传送到别人的现实中，每一则闪烁不停的突发新闻都把我们的大脑和冲突与戏剧化事件接通。用莎士比亚那句经久不衰的话来说，我们生活在这样一个时代——"充满着喧哗和骚动，却毫无意义"。

在这些喧哗和骚动之中，我们听不见自己的声音。他人的声音与色彩令我们耳聋目盲。

当你把其他声音的音量调低，你会渐渐听到一个轻柔的旋律、一个崭新的声音在悄悄低语。那个声音很陌生，却也很熟悉——好像你以前听到过，却想不起来是在哪儿。

终于，你意识到那个声音是你自己的。你会再度遇见自己——这是许久以来的第一次。

在这种状态下，你独自一人，却并不孤独。你在和一个人说话，这个人一直伴随你左右，此后也会继续陪伴——这就是你真正的自我。在寂静之中，你原本错过的那些想法会变得清晰可闻。

---

① 布莱士·帕斯卡（Blaise Pascal，1623—1662），法国数学家、物理学家、哲学家与散文家。他在短暂的一生中做出了许多贡献，以数学与物理学方面的贡献最大，而且有多项重大发明。国际单位制中压强的单位"帕斯卡"就是以他的姓氏命名的。

要与内在的天赋同频共振，先要关掉外界的噪声。

你会发现，在你的内心深处，有一个睿智的存在，它早已知晓你的故事的下一个篇章，你的交响曲的下一段旋律。

你最稀缺的资源

我在半夜里醒来，彻底陷入了困惑。

我梦见了一个等式。我待在一间教室里，黑板上用粉笔写着一个简单的等式：

$0.8 \times 0.2 = 0.16$

要澄清的是，我极少梦见数学，当我做梦时，往往是理论物理期末考试失败的噩梦。

虽然那个等式的梦不是噩梦，可它依然令我心烦意乱。这不过是中学程度的数学题而已：0.8 乘 0.2 等于 0.16。令我心烦意乱的是它背后的含义：两个数字的乘积竟然可以比它们两个都小（0.16 小于 0.8，也小于 0.2）。

作为天体物理学家，我能理解这个等式。可是在梦里，我是个数学的初学者，我盯着那条算式，被结果彻底搞糊涂了。这怎么可能？如果把两个数字乘起来，结果不应该比它俩都大吗？

梦境是用可以消失的墨水写成的，但这个梦在我心头萦绕了好一阵子，就好像它背后隐藏着某种信息，等着我领会似的。

随后，那条信息击中了我：当我们以零敲碎打的分数形式运作的时候——以 0.8 或 0.2，而不是整数 1——这会损害最后的结果。

我们绝大多数人做事的时候，都像是零碎的"分数"形式，每件事情都如是。我们一边开线上会议一边查看邮件；我们一只手拿着三明治往嘴里塞，另一只手在滑手机；我们还没起床就收邮件，接下来的一天里又会继续查收很多遍，次数远远超过我们意识到的（普通美国人每天查看邮件的次数是 74 次）。平均来看，聊天软件 Slack 的用户每 5 分钟就要查看一下信息——这种高得荒谬的频度将他们的注意力切得支离破碎。Slack 的讽刺之处在于，这个词的意思明明是"松弛"，却让人得不到一丁点的松弛感。

工作的时候，我们想着玩乐；玩乐的时候，我们又惦记着工作。我们处在一种两边不靠的状态——既没有全身心地待在这边，也没能全身心地待在另一边。结果，我们的输出结果遭了殃：我们的产出小于投入，得到的只是自身能力的一个零头。

就在此时此刻，你的手机在哪儿？如果你跟其他人差不多，那么答案肯定是"一伸手就能够着的地方"。我们已经变得与手机一刻也不能分离，走路时拿着它，吃晚饭时拿着它，甚至把它拿进浴室，跟别人分享最私密的时刻。它是我们早晨起来抓过的第一件东西，也是我们上床睡觉时放下的最后一件。

我们已经被蒙骗到这种程度：我们深信，如果没能随时"在线"，就会错失某些关键信息。为了应对这种恐惧，我们开始挥霍手中最稀缺的资源。

你最稀缺的资源不是时间或金钱，而是注意力。在英文里，"关注"（paying attention）的字面意思是"**支付**注意力"，这背后是有原因的。你应该像对待金钱一样对待你的注意力（因为它可比钱重要多了），把它存起来，拿它投资，把它花在刀刃上。而且你要记住：如今的"免费"服务，比如社交媒体，压根就不是免费的。你把注意力这里花掉一点,那里花掉一点,合起来就是一大笔财富,而且你还会失去重点。

注意力没法拆分:我们一次只能关注一件事,这就是为什么它的价值如此之高。经济力量已经注意到了这种稀缺资源的价值,并把它变成了商品。社交媒体就是一个买卖注意力的例子。你交出自己的注意力,换来免费的使用权,而它们把你的注意力卖掉,得到利润。你打开那些应用软件(App)的那一刻,它们就开始挣钱;你退出的那一刻,它们就没钱可赚了。

在瞬息之间,你关注的东西定义了你的现实。注意力会让头脑中的关注对象变得更强大、更有力。想要改变你的现实,最简单的方法就是改变你使用注意力的方式。

人们见到伟大的领袖人物后,常常会感叹:"她令我感到,我是房间里最重要的那个人,其他人好像都不存在。"想象一下,如果你能把这种彻底的、全然的注意力用在你做的每一件事上——让面前的事成为房间里最重要的那一件,其他事情好像都不存在——那该是什么情景?

不要只是深度工作——这是《深度工作》(*Deep Work*)的作者卡尔·纽波特(Cal Newport)令人难忘的箴言。也要深度玩乐、深度休息、深度倾听、深度阅读、深度去爱,深度地做一切事情。

这种心态需要你意识到自身的局限。比如说,在我写作的时候,大约连写两个小时之后,文字质量就会显著下降;到了第四个小时,我顶多只能有 0.2 的表现。我很清楚,如果我继续逼迫自己,就会写出冗赘又难懂的废话,看都没法看。这时候,我最好把手从键盘上挪开,把注意力放到其他事上。

"同时'亮起'的神经元会连通起来,没有同时亮起来的就不会。"

作家尼古拉斯·卡尔（Nicholas Carr）写道。如果你同时做好几件事，一会儿做做这个，一会儿又摸摸那个，而不是专心致志地只做一件事，支持你原先行为的神经元网络就会渐渐变弱。因此，我们会抓起一本书，一次又一次地看同一个段落；我们没法踏踏实实地看完一部电影，或是跟人好好地长聊一阵——因为我们中途肯定会摸出手机。我们的关注点总是在不停地来回切换。

正如赫伯特·西蒙①所言，"富足的信息，创造出了匮乏的注意力"。如果你的注意力被切分得支离破碎，不由自主地被分配到无数个不同的方向，那你肯定记不住多少东西。你没法在想法之间建立关联，把点连成线，最后构建出新的观点——你没法思考。

学术研究的结果证实了这个常识性的结论：在简单的认知记忆任务中，同时处理多项任务的人表现更糟。当你苦于注意力过载，你处理信息并将之转化为长期记忆的能力就会显著下降。

要解决这个问题，单纯意识到自己在做什么还不够，你需要主动决定自己做什么，不做什么。拒绝把注意力切分成零碎的、毫无用处的小块——差不多每10分钟就切换一下手上的任务，就像绝大多数知识工作者所做的那样。

你必须带着清晰的意图，决定自己该把注意力放在哪儿，关注的焦点应该是什么。我们往往会冲动地、不由自主地从一个手机通知跳到另一个，从一封邮件切换到另一封，把生活变成一团糨糊。可是，如果你能慢下来，哪怕只有一小会儿也好，并且有意识地把全部注意

---

① 赫伯特·西蒙（Herbert Simon，1916—2001），美国著名计算机科学家、心理学家，诺贝尔经济学奖获得者。

力投注到接下来要做的事情上,你就会启动一个内在的"除颤器",它会把你救回真正的生活之中,让你更有可能充分发挥出自己的能力。

就像伟大的领袖人物握住你的手、欢迎你一样,用同样的态度对待你要做的事:**你好,见到你真好。我选择和你交流,了解你。现在,你就是这个房间里最重要的人,我会无视其他人的存在。**

每一天都这样问问自己:**今天我打算如何使用我最稀缺的资源?我想把注意力放到哪儿?** 再问两个问题:**在我关注的事情中,有哪些并不值得?当我关注那些事情的时候,我没能关注哪些事?**

$0.8 \times 0.2 = 0.16$。我的桌前贴着一条便利贴,上面就写着这个等式。它时刻提醒我,要深度生活,不要零敲碎打地运用我的能力。

有毒的信息

> 一摊驴尿里漂着根麦秆,一只苍蝇落在上面。
> 它高昂着头,自豪地说道:
> "我是这艘船的船长,
> 这片海洋的主人!"
> ——鲁米

"你每天早上的数字套餐是什么?"他问道。

"数字什么?"我问。

"数字套餐。"他重复一遍,"你每天早上起来,最先打开的那几个 App 或网站。"

我可不是那种早上起来要来份"数字套餐"的人,我差一点就愤愤地脱口而出。可就在张嘴的那一瞬间，我发现这是假话。

实际上，我还真有个"数字套餐"。每天早晨，连咖啡都还没喝的时候，我就会点开照片墙（Instagram）、脸书（Facebook），还有几个我最喜欢的新闻网站和体育网站。如果时下有什么流行风潮，我想知道；如果有人喜欢我发的帖子，我想知道；如果爆出了什么突发新闻，我想知道。

我遵循着这个习惯，它让我感到踏实，并且感到与世界联通。可实际上适得其反。这就好比每天早晨吞下一大桶玛氏（M&M's）巧克力豆当早餐。其实我一点都不觉得踏实，我的脑子浸在数字0和1的汪洋大海中，整个过程让我感到恶心。

信息就像食物，有些是有毒的。即便是对健康有好处的信息，过量摄入也会产生毒副作用。一旦被消化吸收，信息会对你的思维造成严重破坏，在一个已经满满当当的环境中挤占宝贵的空间。信息从内到外塑造我们：咽下毫无营养的东西，你的生活就会变得毫无营养；吞下垃圾，排出垃圾。

互联网就像个无底洞，没完没了地涌现出新的垃圾。等到我们看完一圈，就已经落后了，又得从头再来一遍，把错过的一切补回来。这就像一个永无尽头的打地鼠游戏，让我们的头脑始终处于忙碌状态，累得上气不接下气。

想象一下，如果有人把你每天"摄入"的信息归拢到一起，比如朋友们的脸书状态更新、抓人眼球的"标题党"文章、毫无意义的推文风暴[①]等，把它们拼成一本书，然后对你说：**我要你把这些从头到**

---

① 推文风暴（tweetstorm）指用户在推特（Twitter）上快速发出的一连串信息。

尾统统看一遍，你肯定会拒绝吧。可是，同样还是这么多信息，零零星星地散布在一天之中，就变得容易消化了。这简直是慢性中毒啊。

更有甚者，火灭了之后，烟还会盘桓许久。就算已经开始做其他事情了，我们还惦记着收件箱里的某封工作邮件，对某位朋友在海边度假的照片的艳羡，或是在心里嘀咕：不知道"网红"金·卡戴珊（Kim Kardashian）这会儿在做什么呢？

有些信息一看就知道是垃圾，比如你前任的爱情生活，或是那种标题故意起得抓人眼球的文章，比如"小时萌哭、却越长越残的十大童星"。

但有些信息披着健康有益的外衣。比如某些炒冷饭的"重大新闻"，隔三岔五就能被拿出来遛一遛；还有那种看上去客观中立的专栏文章，伪装成毫无偏见的样子，可实际上经过精心的设计，为的就是煽动我们的情绪。

为浏览此类信息找到正当理由是很容易的。在蒙骗之下，我们深深地相信，必须要"跟上潮流"，"与时代同步"。在这个社会形势和政治形势都迅速变化的时代，获取信息显得必要且紧急，可是，缺乏让人深度思考的空间，才是真正紧急的事。

大侦探夏洛克·福尔摩斯（Sherlock Holmes）把大脑比作一间空置的阁楼。你可以尽情选择自己喜欢的家具来装饰它，可它的空间有限，摆了这件就摆不下那件。

想想这样一组令人瞠目结舌的数据：2021年，人们花在社交媒体上的时间是平均每天145分钟。成年人的平均阅读速度是每分钟200~260个字，一本书的平均字数是9万字。如果一个成年人选择看书而不是刷社交媒体，那么他每年能看完118~153本书。你在垃圾信息上每多花一分钟，看书的时间就少掉一分钟——而一本书或许就能彻底改变你。

如果你很好奇，想知道我在自己的大脑阁楼里放了什么，以下就是我作出的选择。

我会选择那种信噪比更高的信息源。一般来说，我喜欢有声书胜过播客，喜欢书籍胜过网上的帖子，喜欢经得住时间考验的文章胜过突发新闻报道。原因很简单。书籍是经过精心撰写和编辑的，绝大多数播客与网络文章的质量都比不上。写一本书要花一年时间，而写一篇博客文章只要一两个小时。播客的两小时对谈里或许埋藏着一颗宝石，但听上两个小时的有声书，或许就能改变你的人生。

出于许多原因，我大幅度地限制自己看新闻的时间。广告驱动的商业模式已经把新闻变成了一种娱乐形式，而非对全球事件客观忠实的报道。新闻仿佛变成了知识分子间的职业摔角赛：预先写好的闹剧在赛场上展开，读者们纷纷为自己支持的摔角选手加油喝彩，看着他们抄起折叠椅，互相打得头破血流。

更有甚者，真实的新闻已经无法满足人们对内容的庞大需求，于是，旧新闻就被拿出来炒冷饭，同样的"突发事件"换着花样再"突发"十几遍。我们看新闻原本是为了获取新消息，可这种新闻里充斥着人为编纂的闹剧与冲突，毫无新意。媒体不停地按着我们大脑杏仁核上的"按钮"，纵容我们的愤怒，诱发我们的焦虑。

新闻还会扭曲我们对现实的感受。许许多多重要的事是没有"新闻价值"的。受到新闻头条的催眠，我们以为世上充斥着愤世嫉俗与忧郁绝望。如同科幻大师罗伯特·海因莱因（Robert Heinlein）所写，有很多精神健康问题"可以追溯到一种不必要也不健康的习惯：咽下

50 亿陌生人的困境与罪孽"。

24 小时不间断的新闻滚动播报，引发狂乱的情绪，也充斥着推测。与其陷入那些东西里面，我更愿意读一读尘埃落定之后发生了什么——此时，状况渐渐清晰起来，一些事情也水落石出了。我寻找的这种清醒回顾会出现在书籍或长篇文章中，待到它们出版或问世，当初的新闻早已不新了。

我还会使用"待读"和"待看"清单。遇到有趣的东西，我一般不会马上读或马上看。相反，我会点点鼠标，把它们存到我的"待读"和"待看"清单里。可当我回来看的时候，结果往往令人莞尔：拜时间所赐，当时显得无法拒绝的有趣东西，现在变成了索然无味的垃圾。我会定期删掉这些清单上一半的内容。正如奥利弗·伯克曼（Oliver Burkeman）的建议，目标就是把这些清单视作"一条河（就好比河水在你面前流过，你可以这里舀一勺，那里舀一勺），而不是一个木桶（需要你清空）"。

上面这些就是我的选择，但它们不一定适合你。你的大脑阁楼是你的空间，应当由你来决定哪些东西可以摆进去，哪些人可以留下。如果你不曾有意识地做出选择，其他人就会替你做。而那些人做选择的时候，想的可是他们的最大收益——而不是你的。

献给想法的颂歌

你好呀，我是一个想法。

上百万个变量汇集在一起，火花闪现之间，我诞生了。

我已经等待了好长时间，为的是在你脑海中浮现。

我决定在今天早晨你淋浴的时候现身，在那个时段，通向你潜意识的通道是敞开的——但时间很短。

现在我来了，犹如你脑海中遥远的回声。我还不够清晰，不够响亮。我一闪即过。我轻轻地推一推你。我是一个晶莹纤薄的气泡，从你的内心深处缓缓上升，浮现出来。

我敲敲你头脑里的门。砰！砰砰！我来了！你看见我没有？我带了礼物给你，一个你没留意到的好主意；一个深刻的见解，能够解决一直以来困扰你的问题；一个你一直没察觉到的机会。

可是，没人应门。你头脑里的声音太嘈杂了，你压根儿就没有听见我。

你从淋浴喷头下走出来，擦干身体，伸手去拿手机。

气泡迸裂了，我永远消失了。

觉察你的冲动

想象一下，有两盒曲奇饼干摆在你面前。

一个盒子里，每块曲奇都包了锡纸，你必须剥掉锡纸才能吃到；另一个盒子里，曲奇外面什么都没包，由于没有隔层，你可以直接拿起来往嘴里送。

在研究实验中，这个小小的差别对结果造成了巨大影响。人们吃完带锡纸包装的那盒曲奇的时间，远比另一个长。换一个实验方式也一样：当赌资被分开装在若干个信封里时，比起一股脑儿装在一个信封里，人们赌博的数额减少了。

那个隔层——无论是锡纸还是信封——让人们更清楚地意识到自

己的行为。被迫暂停一下，想一想自己正在做什么，这个动作增强了人的自控力。它把一个无意识的冲动转化成了一个有意识的选择。

这个方法对清除头脑中的垃圾也有帮助——你倒不必拿锡纸把手机包起来（虽然这可能也挺有用）。这样做的目的是在你和你最冲动的行为之间加一个心理"减速带"——让生活适当减缓速度，让你暂停下来，想一想你真心想要做什么。**我想继续往嘴巴里塞满曲奇吗？我想继续刷社交媒体吗？按下这个按钮，是我当下能做的最好的事情吗？**

这个方法不需要你彻底"戒断"那些行为。你没必要从此不用智能手机，或是永远放弃社交媒体。对绝大多数人来说，彻底一刀两断是坚持不了多久的——而且人们也不愿意。总体来说，我对那种彻底戒断的方法表示怀疑，它们解决的都是表面的症状，没有触及深层次的原因。一旦疗法中止，人们就故态复萌了。

因此，我们的目标应该多些意识，少些冲动。当你发觉自己又去碰最喜欢的消遣的时候，暂停一下。观察那种心痒难耐的感受，但别去挠它。问问自己，**我想满足什么需求？是什么让我产生了这个欲望？**我们之所以会去抓取那些分散注意力的消遣手段，往往是想借助它们来满足某些未被满足的需求，比如想要体验兴奋和激动的感觉，想要逃离当下，或是想要满足好奇心。

可是从效果看，那些消遣手段并不靠谱。时不时地，它们可能会让我们体验到短暂的兴奋感，可那种感觉很快就会消散。我们以为它们能带来快乐或增添意义感，可结果往往适得其反。我们迷失在这些消遣中，甚至都没有注意到自己的身体已经很难受了。

可以做个小实验：把这本书放下，拿起你的智能手机，打开你最喜欢的那些消遣用的 App——社交媒体、电子邮件、股票信息，什么都行，至少看 10 分钟。一旦你从"兔子洞"里出来，再回到我们这本书上。

体察一下你的感受。你有什么感觉？你满意吗，快乐吗？还是觉得有某种说不清道不明的不舒服的感觉？一种隐隐的压力与不安？并没有被满足的、对兴奋感或好奇心的渴望？

我的感受往往是这样：推特让我变得神经质，脸书令我感到又回到高中时最糟心的那段时间，照片墙让我觉得自己"混得可真差"，新闻让我觉得整个世界就快完蛋了。

让我不愿去狂刷这些消遣 App 的，并不是自律，而是亲身体验。经过一次又一次地观察自己的感受，我发现那些东西往往让我的感觉变得更糟。

虽然这些玩意儿经常让我们很难受，可是，利用我们的心理弱点，它们用不可预测的奖励，把我们一次又一次地吸引回它们身边。实验表明，小鼠对间歇性奖励的反应最大。如果它们按下一根小棍，就能得到吃的，而且每次都有，它们最终就会对小棍失去兴趣；但是如果奖励是说不准的——有时候有吃的，有时候什么都没有——它们就会欲罢不能。

研究显示，令多巴胺增加的不是奖励本身，而是对奖励的期待。如果奖励的出现不可预测——当你把"有可能"三个字引入之后——多巴胺就会飙升。老虎机为何令人如此上瘾，这就是原因之一。你不停地按下"小棍"，但奖励只会间歇性地出现。

看到有些老人家不由自主地待在老虎机前，不停地按下手柄，一玩就是几个小时，你大概会既同情又难过。可是，你每天在手机上干的是同样的事啊。每次你打开收件箱或是社交媒体软件,就相当于按动老虎机的手柄。手机时不时地给我们一点儿奖励,诱惑着我们,就像给小鼠食物。和老虎机一样,好东西何时会掉落是无法预测的。于是我们变成了数字吸血鬼,贪婪地吞噬着,永无止境地搜寻着多巴胺给出的头奖。

英文语境下,只有两个行业管用户叫"使用者"(user),它们是毒品和互联网行业,这是有原因的。但社会接受这种瘾头。看看机场的候机室就知道了,如果每个吮吸着"数字奶嘴"的人拿的不是手机而是香烟,我们大概就要拉警报了。

与线上奖赏不同的是,时间以可以预测的步调铺展开来,而我们对它浑然不觉。时间总是有的嘛——直到它没有了。

你在地球上的时间是有限的,你准备怎么用掉它?你想在回顾一生的时候,才意识到自己耗费了那么多时间去追踪卡戴珊一家子的动向吗?还是说,你想聚焦在真正重要的事情上,创作出令你感到自豪的艺术作品?

请记住作家安妮·狄勒德(Annie Dillard)那永不过时的箴言:"我们怎样度过一天,就怎样度过一生。"

不必追求面面俱到

我感到内疚。

我为书架上搁着那么多还没看的书而感到内疚。

我为播客 App 里存着那么多还没听的音频节目而感到内疚。

我为那些还没点开的文章、还没看过的经典电影而感到内疚。

我为还没回复的电子邮件而感到内疚。

我为妒忌生活在 16 世纪的古人而感到内疚——那个时代还没有印刷机,更不用说互联网了,因此他们也就用不着像 21 世纪的子孙后代们一样,觉得有义务把这堆积如山的信息逐条消化处理完。

我一直对此感到内疚,直到我终于意识到:我不可能把它们处理完。你也不可能。没有一个人能。

冰激凌总是会化的,拦也拦不住。

我的意思不是说,你**不大可能把每件事都做完**——我是说,你**绝对**做不完。面对快要挤爆了的待办清单,想要样样做完、面面俱到?那一天永远不会到来,就算是在遥远的未来也没可能。

这话听起来可能有点让人郁闷,但我们应该感到释然才对。唯有意识到不可能面面俱到,我才能把精力聚焦在真正重要的事情上。我对"摄入"的东西更挑剔了,我可以更轻松地按下退订的按钮了。人生太短,没必要因为某个深刻见解有可能出现在第 183 页,就非得逼着自己看完那本不喜欢的书。

在我认识的人里,每个人都遇到过这种看书看不下去的情况,他们依然像被迫读书的高中生一样,不管发下来的书多么艰涩难懂,必须把每一本都啃完。于是,他们的反应不是放弃这一本,而是干脆放弃了阅读——所有的书都不看了,因为他们觉得转头去看别的书令他们感到内疚(要是这本书到目前为止还没有引起你的兴趣,我特此批准你把它合上,别再看了)。

所以,既然冰激凌总会化掉,那就让它化吧——就让有些坏事发生吧。

"坏"是分级别的。不是所有的坏事都要被同等对待。有些大坏事可能会引起灾难性的后果，当然值得防患于未然；可是，还有些琐屑的小坏事，不会产生任何长期影响。

我们往往不作分辨，把一切坏事都同等对待。为了避免落入这个陷阱，这样问问自己：**这是个小坏事呢，还是个大坏事？要是我放手不管，会怎么样？会发生什么？概率有多大？**

我不是建议你从此大大咧咧，对事情满不在乎。刚好相反，我们的目标是要有意识地、仔细地甄别手中待抛的小球，清楚地知道哪一个掉了是没关系的。这样，你就可以专心致志地抛好那些最重要的球。

事实真相是：疏漏总是在所难免，总会有些地方出岔子。

所以，就让有些邮件搁在那儿待回复吧，就让有些人抱怨去吧，就让某些机会溜走吧。

唯有任由小坏事发生，你才能把大事做成。

最大的障碍

"今天我到这儿来，是为了穿越沼泽，而不是为了痛扁所有鳄鱼。"

在一本非常精彩的书《可能性的艺术》(*The Art of Possibility*)中，我看到了这句话，说话的人是美国航空航天局（NASA）一位不知名的雇员。这句话之所以引起共鸣，是因为我们常做的与之恰恰相反。我们总是忙着跟鳄鱼打得不可开交，而不是穿越沼泽。

沼泽是个吓人的、充满不确定性的地方，我们可能永远也到不了沼泽对面。而且我们还会担心，万一真过去了，自己会变成什么样子？

因此，为了逃避穿越沼泽的不适感，我们开始跟鳄鱼搏斗。我们把时间花在最熟悉的事情上，比如回邮件、参加没完没了的会议，而不是做完手上的项目或推出新产品。对岸那么遥远，不知何年何月才能抵达，而鳄鱼就在眼前明摆着。于是，随便一封邮件就能让我们忘记轻重缓急，仿佛它比真正重要的事更重要。

我并不是说打鳄鱼毫无意义，毕竟它们确实存在，而且**可能**代表着危险。鳄鱼们以 100 分贝的音量高声嘶吼，引起我们的注意，所以我们觉得非打不可。于是，我们没有积极主动地朝着目标挺进，而是把一天中的绝大多数时间——以及一生中的绝大多数时间——用来被动地防御。

这一切的折腾和忙乱**看似**高产，实则不然。我们确实在"扫清障碍"，可道路究竟通向哪儿呢？我们痛扁了鳄鱼，可对岸并没有因此变得更近。我们打赢了每一场仗，却正在输掉整个战争。

正如畅销书作者蒂姆·费里斯（Tim Ferriss）所写："把不重要的事情干得再漂亮，也不能让它变得重要。"令你成为优秀的风险投资人的，是你谈妥的交易的质量，而不是你推特上有多少粉丝；令你成为优秀作家的，是你作品的质量，而不是你清空收件箱的频率有多高；令你成为出色的软件工程师的，是你写的软件的质量，而不是你开会的时长；令你的产品大卖特卖的，是它优异的特性，而不是拍电视广告时摄影机的角度。当我们忙于应付那些"不得不做"的微末小事时，我们也避开了更为复杂的、能够帮助我们升级进阶的大事。

非凡的人会无视鳄鱼，把注意力聚焦在如何穿越沼泽上。他们不会把时间花在一板一眼地钩掉待办事项清单的条目上。他们要做的事宏大高远，没法缩减成一个个复选框。

违反直觉的是，一张待办事项清单很可能会显著地造成拖延。当你把待办事项都记在同一个地方，并且给予它们同等对待的时候，你就又给自己找了个理由——去收拾桌子，或是给保险公司打电话，而不是动笔写你的新书大纲。

你用不着从此放弃待办事项清单，也用不着把它升级成四象限图、专用 App 或是时髦的记事本。

解决办法很简单。想好哪些事情是重要的，然后孜孜不倦地优先做它们。把"选出真正该做的事"列入你的待办清单，识别出你生活中的鳄鱼，也就是那些肤浅的、并不能帮你穿越沼泽的事务。问问自己，**有哪些事情是我为了觉得自己高产而去做的？这能帮助我穿越沼泽吗？还是说，它们就像鳄鱼一样，总是干扰我，妨碍我做重要的事？**然后，把清单上的这些"鳄鱼"画掉。不要再去尽力完成更多事情，开始做真正重要的事吧。

别再问："眼下最紧急的事情是什么？"而是问一问："我能做的最重要的事情是什么？为什么我现在还没有做？"从定义看，"紧急"二字意味着"不会持久"，但重要的事情会。

说到底，我们是有选择的。

我们可以没完没了地痛扁鳄鱼，期待有一天会出现一个魔力跳板，我们只需站上去一弹，就能飞到对岸（剧透一下：没有魔力跳板这种东西）。

或者，我们可以无视鳄鱼的存在，把精力放在重要而非紧急的事务上，然后一寸寸地，穿越沼泽。

慢即是快

> 你为何如此惧怕沉默？沉默是万物之源。
> 如果你沉入它的虚空，那里有一百个声音响亮如雷鸣，
> 将你渴望听见的东西说给你听。
>
> ——鲁米

亚里士多德曾说，自然界憎恶真空。他的论据是，一旦某处形成了真空，四周的稠密物质就会涌进去将之填满。

我以前也憎恶真空。只要发现生活中出现了真空地带，我就会用四周的稠密物质把它填满——不，应该说用力塞满才对。因为我想做一个"高产"的人。

追求高产的信条跟我的身份牢牢地捆绑在一起。我害怕自己做的事不够多，其实是害怕自己活得不够充实。我必须要加快做事速度，戒掉碳水，持续不断地优化每天清早的日程表，这样我才能感到自己活得很值。我把成就感跟以下这些事情绑定起来：我能多快做完待办清单上的所有事项，或是有多少次彻底清空收件箱。我不停地搜寻最新的管理系统或App，好让我能更加充分地压榨自己，让我一天之内能做完更多事情——去为他人作嫁衣裳。

我时常感觉到，我**需要**去做下一件事。当教授的时候，我会同时写好几篇学术文章。这一篇写累了，我就转头去写另一篇。我的上一本书《像火箭科学家一样思考》（*Think Like a Rocket Scientist*）刚出版一星期，我就开始起草你正在看的这本书的大纲。这种工作模式让

我相当高产，而高产让我感到人生是有意义的。

我知道，活成这样的不止我一个。

我们崇尚高效率。我们将那些从不屈服于疲惫、病痛、睡意等干扰的人奉为偶像。在更短时间内做到更多的事，比如每分钟能写更多字，每加仑汽油能跑更长距离，每小时能干完更多活儿，谁能说这样不好呢？

最能体现时下流行的"匆忙文化"之精髓的，莫过于碎沙拉。把沙拉切得碎碎的，把知识工作者们的眼睛和一只手从烦人的吃饭任务中解放出来，这样他们就可以继续工作。正如作家吉娅·托伦蒂诺（Jia Tolentino）所写的那样，这种沙拉让消费者"在每天16个小时收发邮件的工作中短暂休息一下，匆匆吞下一碗营养物，来抵挡都市职场生活的不健康……因为他需要节省出来的那点时间，好不停地工作——这份工作让他买得起12美元一份的沙拉"。

对我来说，这种碎沙拉的生活方式代价巨大。我埋头苦干，效率如此之高，以至于看不见外面的状况，于是，我会错失明摆着的机会。我自行制造出一片急吼吼、乱哄哄的环境，没有空间和时间做高质量的思考。而没有高质量的思考，我就没法做出高质量的决定。然后，我又得花费大量时间来纠正相应的失误。

忙碌是人为捏造的美德，它是懒惰的另一种形式；走得很快，却没有方向；它是一种麻醉剂，服下它，人们就可以不用向内看，也就避免了看见内心之后的恐慌。

如果你一直处在"是战还是逃"的状态，总在担心剑齿虎会从灌木丛后猛扑出来，你肯定不愿意向内寻找答案。这是因为，如果你向内看了，就注意不到外界的威胁。如果你满脑子想的都是求生，持续处于"对感知到的危险做出反应"的状态,你就被困在了马斯洛需求层级①的最底层。你没有心力去独立思考,也就无法开启内心深处最有智慧的洞见。

其实,就算你慢下来,也不会落后。因为你不必虚耗那么多精力,你会走得更快,也潜得更深。"把油门踩到底"的心态是原创思想的大敌,创造力不是生产出来的,而是开发出来的。它闪现在松弛的时刻,而不是沉重的劳役中。把你的脚从油门上拿开,可能是最好的加速方式。

据说,海豹突击队(Navy SEALs)有一句口号,它把这个观点总结得很到位:"慢就是流畅,流畅就是快。"说这话的可都是天天端着狙击枪和榴弹发射器的人。相比之下,你的幻灯片(PPT)演示可没那么生死攸关吧?要是海豹突击队都能慢下来,你也能。

好点子登场的时候一般都不会敲锣打鼓,搞出浩大的声势。"大家伙"从来不会高声标榜说自己是个大家伙。乍一看,大家伙其实挺小只、挺不起眼。如果你的生活中没有留白,而是充满了不间断的噪声,当好点子到来的时候,你就听不见它的悄声低语了。

世人告诉我们的一个最大谎言,就是高效率的关键在于"埋头干"。可你最出色的作品将会出自"不干"——也就是慢下来,给自己一点时间和空间。

大自然是个伟大的老师。她遵循着一个古老的规律:无为。静待事情发生。树木不会因为"我想更高产"这种荒谬的想法而拼命地一

---

① 美国心理学家亚伯拉罕·马斯洛(Abraham Maslow,1908—1970)提出的关于人类需求的五级模型,一般被描绘成金字塔形的等级模式。从底部开始,这五种需求分别是:生理上的需求、安全上的需求、情感上的需求、尊重的需求、自我实现的需求。

年四季都开花结果。它们在秋冬时节静静地休眠,落掉叶子,保存能量。拔苗助长是没用的,浇水浇到土壤都无法吸收也是没用的,树木不会因此而长得更快。

人也有四季。在有些季节该采取行动;在其他季节,我们最好松弛下来,退后一步,留出空间来,让水分慢慢地渗透、吸收。在一次"休眠期"中,艺术家科丽塔·肯特(Corita Kent)任由自己闲散地坐着,静观窗外的枫树生长。"我感觉得到,在我的内在,一些精彩的新东西正在静悄悄地生成。"她说,"而且我知道,就像这棵枫树一样,它们会找到自己的方式,最终迸发出生机。"

闲散不等于懒惰。发现了真空,也未必要不假思索地赶紧把它填满。就像人们常说的,是音符与音符之间的无声构成了音乐。唯有放手,你才能接收;先清空,你才能被填满。

你没法把这种留白储存起来,攒到每年的假期里使用。在一天之中,哪怕只有一小会儿也好,关掉噪声。早晨醒来后,允许自己在床上多赖一会儿;把自己调成飞行模式,盯着天花板,静静地坐一会儿;去公园里漫无目的地溜达溜达,但不要打开播客或有声书。

以内在的宁静对抗时下的喧嚣,沉入无韵律的韵律之中。

因为万事万物都诞生于虚空。

精彩的新东西正于你的内在静静生成。

给予它们必需的时间,静待它们灿烂绽放。

访问 ozanvarol.com/genius,你可以看到各种表格、问题与练习,帮你运用书中所讲的策略。

第二部分
Part Two

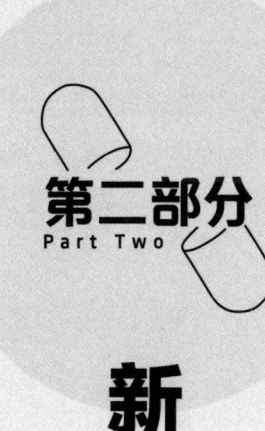

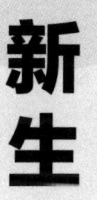

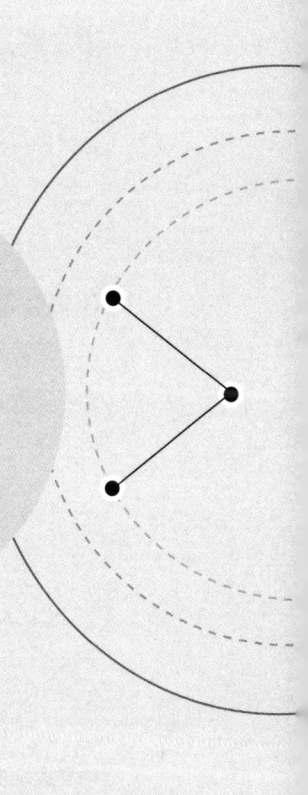

新生

第二部分包含两章：

1. 独特的你，非凡的你：通过成为自己来成就非凡。找到你的"第一性原理"和超能力。

2. 发现你的使命：找到并活出你此生的意义。

在这一部分，我将会告诉你：

☆ 为何你会住在自己建造的囚室里（以及如何出去）

☆ 一则精彩的故事：一个电器推销员如何成为唱片大卖的著名歌手

☆ 为何绝大多数人选错了职业（以及应该怎么做）

☆ 改变我人生的那封邮件

☆ "追求幸福"的问题在哪里

☆ 为什么"追随激情"是个糟糕的建议（以及应该怎么做）

☆ 为了收回对人生的掌控权，你可以提出的一个简单问题

☆ 停止过度思考、开始行动的秘诀

第四章　独特的你，非凡的你

他们嘲笑我，因为我与众不同。

我嘲笑他们，因为他们全都一样。

——科特·柯本①

拥抱你的紫色

归属感。

在人生的绝大部分时间里，那是我最想得到的东西。

我是家中的独子，住在伊斯坦布尔（Istanbul），一个人口千万的庞大城市。我家是个小公寓，从小到大，绝大多数时间，我都躲在自己的房间里。

我喜欢的东西都很古怪，这让我感到自己跟别人不一样。从很

---

① 科特·柯本（Kurt Cobain，1967—1994），美国摇滚歌手，涅槃乐队的主唱兼吉他手、词曲创作人。

小的时候起,我最喜欢的地方就是我的脑海。我迷上了电脑和书,自学了写代码,还一头扎进了科幻作家艾萨克·阿西莫夫(Isaac Asimov)等人创造出来的神奇世界。通过《宇宙》(*Cosmos*)系列纪录片录像带,卡尔·萨根对我侃侃而谈。我一句英语也不会,所以压根不知道他在说什么,可我还是听得很认真。

直到小学四年级,我的与众不同一直没惹太大麻烦。身为小学生,我们要穿统一的校服,那是一套亮蓝色制服,配着干净的白领子。所有的男生都剃成一样的寸头。

好吧,除了我之外的所有男生。

对剃头这件事,我采取了自由放任的态度,这可把校长给惹火了——那是个凶悍的男人,更适合去当典狱长。在一次集合中,他发现了我长过标准的头发,于是气得直哼哼,活像头犀牛。他从一个女生那里抓过一个发夹,别到我头上,公开羞辱我——这是对我不守规矩的惩罚。

对土耳其人来说,耻辱比死更糟。此后我再没错过任何一次剃头的机会。

一旦古怪变成了我的负担——一旦众人开始把我推来搡去——我就变成了一条章鱼,开始改变自己的颜色来配合周围的环境——我真的改掉了自己最喜欢的颜色。当有人问我最喜欢什么颜色的时候,虽然我喜欢紫色,可我还是会说"蓝色",因为蓝色是正常男孩子应该喜欢的颜色,而我真的、**真的**想当个正常的小孩。

我学会了做个乖孩子,把自己修整成世界期望的样子——**你应该这样想;你应该害怕这个人;你应该跟这个人玩;这几个游戏你可以打;你想要的未来应该是这样;你有三个选择,当医生、律师或工程**

师。天哪!

升入中学之后,找不到归属的感觉愈发强烈。与众不同的不单是我的发型了。当初我念的是公立小学,那儿的孩子都跟我一样,来自经济状况很普通的家庭。可这所中学是私立的,收的都是伊斯坦布尔富裕的精英阶层家的孩子,我父母想尽办法才凑齐了学费。如果我想学英语、以后去国外上大学,这是最好的选择。

中学期间,有好长一段时间我都在怀疑,是不是所有人都预装了某种"归属感芯片",只有我没有。我可以一连几个小时跟人讨论科幻小说或HTML编程,可我从没打过网球,也没听说过普拉达(Prada)。时尚感——甚至是最基础的配色概念——天生跟我不沾边;在听歌方面,我有着无可否认的俗气品味,我喜欢朗朗上口的爱司基地(Ace of Base),而不是超级流行的涅槃乐队(Nirvana)。

我牢记小学四年级时校长给的教训。我开始像对待发型那样对待我与他人的交流互动,过度地关注何谓正常。我会揣度别人在想什么、要什么,然后我就相应地改变自己的颜色。

这方法效果好得很。我的社交圈扩大了,渐渐地,我成了合群专家。无论是把西装或裙子改得合身,还是让自己变得合群,原理都是一样的。把这边的想法剪掉一点儿,那边的喜好改动一下,还有这里,这个行为需要调整一下——直到把自己妥帖地放入模子里为止。

可是,与改衣服不同的是,修改后的自我很少会像原来的样子了。当然,在有些人面前,或有些场合下,真我的光彩还是会焕发出来,可是,我常常会扮演别人期待中的角色,直到有一天,我变得面目模糊,连自己都认不出来了。

到美国念大学之后,我又得重新来一遍。我换下欧洲流行的修身牛仔裤，改穿工装裤；我加入了兄弟会，娴熟地掌握了啤酒乒乓球①的艺术；口音原本是我的独特之处，可到了大二末尾，它也消失不见了（"哥们，你的口音有点不对劲嘛！"有天晚上，喝了一口"密尔沃基之最"牌啤酒后，我的室友乔对我说）。我瘦得像根麻秆儿，有个好笑的名字，还来自半个地球之外的遥远国度，但是，如果我说话的调调跟他们一样，我就可以跟他们一样了吧？我这样想。

虽然我生长在一个大多数人都是穆斯林的国家，但我不是穆斯林。可"9·11"事件之后，这不重要了。双子塔倒塌后，我在土耳其长大的事实压倒了一切，就连我的一些好朋友也受到了影响，我发觉自己成了偏执论调的靶子。就在我自以为终于融入群体的时候，我再一次被放逐了。

即便是在成功融入群体的时候，我得到的也只是一种浮泛的归属感。找到归属的不是我。那只是修改版的我。

改变是渐渐发生的。你开始说出违背自己真正信念的话；你点头称是，好像对方说的真的很有道理；你忘记了自己的界线，邀请别人侵染你的灵魂。于是渐渐地，在属于你的庇护所里，你变得仓皇无依。

努力融入群体，反而让人更难找到归属感。就像心理学家布琳·布朗（Brené Brown）所写的那样："归属感指的是你真正的自我被接纳了，而融入指的是你必须变得跟其他人一样才会被接纳。如果我可以做自己，这是归属感；如果我必须要像你一样，这是融入。"

我仍处于中间地带。我依然要对抗那种想要融入的徒劳念头：披

---

① 啤酒乒乓球是一种美国大学生中比较流行的喝酒小游戏，游戏非常简单，玩家需要将乒乓球扔到桌子对面的酒杯中。

回顺从的外衣，改变自己。从很多方面说，我的作品属于"自助"类别——我写书，部分是为了帮助我自己，为了与真正的自我重新建立起联结，把真我的色彩展现给世界。

我也会每天采取一点小行动，来接纳自己的古怪。时不时地，我会点开爱司基地的歌嗨一下。我的声田（Spotify）①歌单简直就是音乐灾难现场，好音乐被打了个落花流水。可我喜欢那些歌，它们提醒我做回自己，而不是变成一个陌生人。

我刚认识凯西（Kathy）没多久的时候（现在她是我太太了），她问我："你最喜欢的颜色是什么？"

我差点脱口而出"蓝色"，但我咽下了这两个字，做回真实的自己。

"紫色，"我说，"我最喜欢紫色。"

她看着我，绽放出灿烂的、极富感染力的微笑。

"自打小时候起，"她说，"我就想嫁给一个最喜欢紫色的男孩。"

我知道，我终于找到了归属。

如何出类拔萃

1954年，约翰尼·卡什（Johnny Cash）走进太阳唱片（Sun Records）的试音室。

彼时的他寂寂无闻，白天挨家挨户地推销电器，晚上弹奏福音歌曲。他破产了，婚姻也就快分崩离析。

卡什决定试唱一首福音歌曲，那是他最拿手的。况且，1954年

---

① Spotify是一个流媒体音乐服务平台，2008年在瑞典上线。

的时候，福音最流行，人人都唱。

正如电影《与歌同行》（*Walk the Line*）里演的那样，试音并未按照卡什的计划进行。卡什张口唱了一支阴郁的福音歌曲，唱片公司的老板萨姆·菲利普斯（Sam Philips）假装感兴趣了30秒，就打断了卡什。

"这歌我们听过了。"菲利普斯嗤笑一句。"都听了100遍了，跟你唱的一个味儿，全一样。"他说，那首歌"跟我们整天在收音机里听的吉米·戴维斯（Jimmy Davis）的歌一模一样，尽是些你的内在平静啊，它有多么真实啊，还有你要把它大喊出来什么的"。他让卡什唱点"不一样的，有真情实感的东西"，因为那种歌才能真正抚慰人心。

"这跟相信上帝没关系，卡什先生。"菲利普斯说，"你得相信你自己才行。"

这番长篇大论把卡什惊醒了，一下子把他从"让我给你唱一首好听的福音老歌"的从众念头中拽了出来。沉重的贷款，疲沓的婚姻，还有在空军任职的那么多个年头，把那个他牢牢地压在了下面。

他重整了一下状态，轻轻拨动吉他，开始唱《弗尔森监狱蓝调》（*Folsom Prison Blues*）。

那一刻，他不再努力成为一名福音歌手。

他成了约翰尼·卡什。

他拿着唱片合约走出了试音室。一切都是因为他顶住了那种下意识的从众心理，敞开双臂拥抱了令他与众不同的一切——忧郁的行为举止，极富辨识度的嗓音，还有那一身黑衣。正是这种装扮，日后为他赢得了"黑衣人"的名号。

我们以为跟着人群走就会安全；我们藏在别人的期望与世俗的规

范后面；我们宁肯跟着大家一起错，比如因唱一支人人都在唱的福音歌曲而失败，也不愿冒险去特立独行。于是，我们追随潮流，跟上最新的风潮，或者，像卡什在歌里唱的那样——"中规中矩"。

回想一下，在新冠肺炎刚开始流行的那段日子，许多公司发给你的邮件是怎么写的。这些邮件的标题都差不多，同样老套无趣，顶多改改措辞（"关于新冠，我们的 CEO 有重要的话对您说"），紧接着是千篇一律的套话（"亲爱的尊贵客户"），以及老掉牙的开头（"在一个前所未有的不确定的时代"）。

如同人生一样，在职场里，绝大多数人也遵照同样无趣的模板工作。我们好像被预设了程序似的，不由自主地模仿他人，尤其是在这种"前所未有的不确定的时代"（看我刚写了句什么）。我们照抄同事和竞争对手的做法，假定他们知道一些我们不知道的东西；我们认定唯一值得争取的观众群就是普罗大众，于是我们磨圆棱角，抹掉指纹，唱起福音歌曲。

"没人那么干过"——在讨论尚未开始的时候，这句回应就将之终结。如果没人那么干过，肯定是因为干不成；如果没人那么干过，我们就不知道做了之后会发生什么；如果没人那么干过，我们也不打算那么干。

这种有样学样的做法制造出一场冲往中心点的竞赛。可中心点已经人山人海，挤满了其他的福音歌手，大家都在争着切那块越来越小的蛋糕。人们往往都想"瞄准那个最大、最显眼的靶子，然后一箭命中红心"，音乐人布莱恩·伊诺（Brian Eno）说。"可人人都瞄准了那儿，当然很难射中了。"那该怎么办？"先把箭射出去，然后围着落点画出靶子。"伊诺解释道，"创造出你最终栖身的利基市场。"

布鲁斯·斯普林斯汀（Bruce Springsteen）就创造出了自己的利基市场。他知道自己的嗓音不够出色。他会弹吉他，但"世上到处都是优秀的吉他手，很多跟我差不多，或者比我更好"，他这样写道。

斯普林斯汀没有像其他人那样，瞄准同一个目标，而是射出了自己的箭，然后围着箭头画出了靶子。有一项能力令他有别于其他音乐人，于是他在那一点上双倍下注——他会写歌。结果，他写出了蓝领阶层的心声（"19岁生日那天，我拿到了工会会员证和婚礼上穿的外套"），写出了美国梦与现实之间的距离（"空耗一个夏天，徒劳地祷告，祈求能有个救世主，从街那边降临"），以及让听众产生深深共鸣的歌曲（"我想知道爱是不是真的存在"），并因此声名大振。当初听众、经纪人、乐队成员……几乎所有人都不看好的那个人，最终成了摇滚界的大明星。

奥普拉·温弗瑞（Oprah Winfrey）的故事也很相似。她的第一份工作是在晚报当记者，结果被解雇了。原因是？因为她无法把自己的情绪与报道区隔开。但她并没有抹掉情绪，而是全然拥抱了它。这项卓尔不群的特质最终让她成为世界上最有同理心的访谈节目主持人，让她的名字变得家喻户晓。

想要成就非凡，你需要活出自己。当你这样做的时候，你就会成为一块磁石，能吸引到一些人，也会引起一些人的排斥。不可能人人都喜欢你，没有一个人讨厌你。如果你瞄准了这个不可能实现的目标，这只会削弱你的磁力。想吸引到喜欢紫色的人？唯一的办法就是秀出你的紫色。

但是，如果你不真诚，这个办法就不管用。耍花招是不行的。如果你只是想吸引别人的注意力，或是你选择向左只是因为其他人都向右，那就不会见效。我们不是为了打破常规而打破常规，不是要毫无理由地挑战现状，而是由于渴望活出真实的自我，而有意识地打破规则。

请记住这一点：显眼源自对比。一样东西之所以能脱颖而出，正是因为它与众不同。

如果你融入了背景板——如果你不曾展现出自己的特质，没有指纹，没有对比，没有任何特异之处——你就会泯然众人，谁也看不见你。

你已经变成了背景板。

正是你的特质让你成为你。唯有拥抱它而不是抹杀它，你才会出类拔萃。

你的边缘线

我喜欢逛书店，搜新书。

不是那种人人书架上都摆着一本的超级畅销书，而是未被发掘的宝石，尚未成为爆品的、掉出主流视线的书，小型出版社出的、没有大量营销预算的书。

最近几年，在我经常光顾的一些书店里，我注意到一个令人失望的趋势，无论你从事什么职业，这个趋势都能带来一些重要的启发。

一走进书店，你首先看见的就是面积巨大的"畅销专区"，里面摆的都是常见的那些书。走过所有最新畅销书的架子，摆在那里的是前一阵子的畅销书。如果你找店员推荐，他会给你拿三本出来——你猜他是从哪儿拿的呢？对，畅销专区。

所有书架上的所有书籍，都是按照作者的姓氏首字母排列的。而这个系统是为了一类读者设计的：他们走进书店，非常清楚地知道自己要买什么书。可这个读者群体正在急速萎缩。

这样的书店毫无个性，没有意趣，没有魅力，没有任何独特之处。从购买体验说，没有任何能超越网购的地方。所以，为什么潜在顾客要大老远地跑到这种店里来买书呢？

在价格和便利性上，实体书店没法跟网上书店竞争。但是它们可以做网上书店做不到的事：给予顾客个性化的体验。

最出色的书店正是这么做的。他们让真实的人上场，作出真正的精选和推荐，其质量远远超过广告、算法和畅销书单。他们用生动有趣的方式做陈列，帮助顾客发现自己喜欢的书。这些书店不会草草地按照字母顺序排列图书，而是想出了这样的主题分类："时间旅行""一翻开就停不下来，一个周末读完！""你从没听说过的必读好书"，还有"成年人也爱看的年轻人读物"。

再说说其他行业，比如维珍美国航空（Virgin America）。早在2007年，这家航空公司就录制了一段非常搞笑的安全教育视频，跟传统的那种大相径庭。我最喜欢的一句解说词是："对0.0001%从没系过飞机安全带的乘客，请您注意，要这样做……"这句话创造出一种心照不宣的联结感——人们一直都这样想，却从没说出来过（**为什么他们还在教乘客怎样系安全带**）。这家航空公司还实打实地"拥抱紫色"：他们把座舱的灯光换成了安宁柔和的紫光，而不是绝大多数飞机里那种晃得人头疼的白光。这些举措帮助维珍美国从拥挤的、严重同质化的市场中脱颖而出，等到其他航空公司照搬这些做法之后，维珍美国早已确立了"好玩有趣的飞行体验"的领导者地位。

说到冰激凌行业的好玩有趣，本杰瑞（BEN & JERRY'S）冰激凌向来遥遥领先，他们推出过大玩谐音梗的口味，比如樱桃口味的 Cherry Garcia、焦糖口味的 Karamel Sutra[①]。但是自从 2000 年被跨国巨头联合利华（Unilever）收购之后，本杰瑞就叫停了某些口味的冰激凌。新任命的高管们解雇员工，关闭工厂，公司士气变得十分低落。

直到乔斯滕·索尔海姆（Jostein Solheim）被任命为 CEO 之后，情况才开始好转。他对公司文化的承诺很快就遇到了考验：有人提议推出一款新口味，名字叫作"S.B. 蛋蛋"（Schweddy Balls），这个梗来自电视节目《周六夜现场》（Saturday Night Live）的一出搞笑短剧。

他会给这个口味开绿灯吗？这可是一着险棋，有些家长组织大概要掀桌了，有些商店可能会拒绝进货。但是，还有些更重要的东西危如累卵——本杰瑞那独一无二的品牌灵魂。经过了乱哄哄的 10 年，乔斯滕的下属们需要知道，他们的领导者是否会拥抱公司的"紫色"。

他批准了这款新口味。

不出所料，一些零售商大为光火。沃尔玛（Walmart）的 CEO 跟本杰瑞的高管们开会的时候，用最大的嗓门吼道："我才不会卖 S.B. 蛋蛋！"无论这个新口味给公司带来多少麻烦，单凭这则逸事已经值回票价。从那时起，本杰瑞的魔力又回来了。

没错，新品冰激凌的名字打了擦边球，但是正是"边缘"让每块拼图有了独特的形状，让它与众不同。你的边缘线就是人们谈起你的理由，选你而不选别人的理由。如果你把边缘线磨圆，抹去自己有价值的特质，你就会变成平凡无奇的香草味冰激凌，而平凡无奇的香草

[①] Cherry Garcia 谐音的是美国著名音乐人杰瑞·加西亚（Jerry Garcia），Karamel Sutra 谐音的是印度《爱经》（Kama Sutra）。

味冰激凌不会出类拔萃。其他案例也是一样：采用跟同行们一模一样的方式来陈列图书的书店，重复播放同一条沉闷的安全警示视频的航空公司，或是用跟别人同样方式唱着同一支歌的福音歌手。

退后一步，问一问：**我们的边缘线是什么？我们能给顾客提供哪些令他们（以及我们！）愉悦的产品？我们应该用怎样的方式与世界分享我们的独特个性，好让我们能从众多提供相同产品的企业中脱颖而出？**

20 年前，按照作者姓氏的首字母顺序把书籍上架，或许是个好办法。

但是，如果你不去重新构想今天应该怎么做，其他人会的。

最危险的模仿

说起模仿，人们往往指的是照搬他人的做法。

可是，有一种模仿要危险得多——模仿自己。品尝到成功的滋味之后，你会感到极大的诱惑——想照搬上次的做法，把它原封不动地复制粘贴过来。

写这本书的时候，我就体验到了这种诱惑。写《像火箭科学家一样思考》的时候，我还没写过书，没有任何值得模仿的东西。能写成什么样子，我完全没有概念。我是自由的，可以大胆地探索，就像玩耍一样，用我想要的方式塑造手中的黏土。

写这本书的时候，我的记录不是空白了。现在我有了需要参考的标准——这本书会被拿来与之前那本相比较。于是，刚开始写这本书的时候，我照搬了《像火箭科学家一样思考》的成功法则——同样的结构、同样的格式、同样的一切。

可这办法不管用,我的文思枯竭了。我越是紧抓着先前的模式不放,写作就变得越发困难。我索性放了手,不再逼着自己坚持不再见效的方法,而是带着好奇心去面对过程中发生的一切,让想法、章节、主题时不时地自行呈现出来,让自己全然投入到不确定中去。

令上一部作品大获成功的特质,在照搬时会被稀释掉,这就是为什么续集和重拍的影视作品极少能捕捉到首部的神韵。一旦我放弃了原先的模式,文字又活了起来。敲击键盘的手指自由多了,渐渐地,它们终于轻快地跳起舞来。一个月之内,我写出的字数打破了纪录。

"你有两个选择。"歌手兼艺术家琼尼·米歇尔(Joni Mitchell)说,"你可以保持原状,保护那个当初让你取得成功的模式。它们会因为你保持原状而折磨你。如果改变了,它们会因为你改变而折磨你。"

我宁可因为改变而受折磨。我可不想坐在拉坯机前面,重复制作之前的成功作品。

当你停止照搬别人,尤其是照搬从前的自己,开始创造唯有当下的你才能做出的艺术作品的时候,出类拔萃就出现了。

掌握方法背后的原理

我还依稀记得头一回看见网页蹦出弹窗广告时的情形。太有趣了!**瞧啊,不知道从哪儿冒出来一个小方块!就好像有人知道我在看似的**。我忙不迭地填入邮箱地址,去领取那张并不想要的九折优惠券。

然后,就在几周之内,每个网页都有弹窗广告往外蹦了,最初的兴奋感很快变成了厌烦。当这个小伎俩遍地开花之后,人们开始无视它。它变成了飞机上的安全带教程:重复的次数太多,以至于沦为背景。

做菜的时候,如果你厨艺不错,那么按照别人的菜谱,基本上就能做出一模一样、可以晒朋友圈的美食。但人生的运作机制不是这样的。一模一样的食材、一模一样的食谱,在不同人手中会得到大相径庭的结果,而这正是人生的优美之处。

可是,照搬别人的食谱依然令人感到安全。万一你失败了——万一你用了同样的方法却没得到同样的结果——你还可以把责任推到食谱头上。

但是,当你盲目地照着别人的食谱做菜,你就会依赖它。你没有理解食谱背后的逻辑,或者说,没掌握烹饪的基本原理。你只是在机械地做动作:这一步加一勺盐,那一步加半杯橄榄油,可你不知道它们的作用是什么。因此,万一哪一步出了错,你就不知道该如何纠正,也不知道如何把这个食谱改成你自己的版本。

朱莉娅·蔡尔德[①]也不是天生的大厨。她笨手笨脚地自行照着食谱摸索,却没能掌握烹饪的艺术——直到37岁那年进了法国蓝带厨艺学院(Le Cordon Bleu)。正如劳拉·夏皮罗(Laura Shapiro)所写的那样:"在蓝带学厨艺,意味着把每一道菜都拆分成最细的操作步骤,然后亲手完成每一个耗时费力的环节。"这个过程让蔡尔德"第一次理解了烹饪的原理,即食谱上为什么这样写,又是怎样一步步做出来的"。

---

① 朱莉娅·蔡尔德(Julia Child,1912—2004),美国家喻户晓的名厨,著有《掌握法国菜的烹饪艺术》(Mastering the Art of French Cooking)等大量烹饪著作,主持电视烹饪节目长达40年,她的头像曾登上《时代》杂志封面。

掌握了厨艺的基本原理之后，蔡尔德就可以在电视上向大家传授它们了。她的一部分魅力正来源于此：她不会躲在食谱后面，她向观众们展示每一步是怎么做的，以及为什么要这么做。她带着观众一步步走过神秘难解的烹饪流程，把这道菜的原理毫无保留地教给大家。有了这些原理傍身，厨房新手也能掌控局面。

"掌控"正是关键词。我们绝大多数人放弃了掌控——无论是对他人的菜谱，还是对自己以前常用的菜谱。说到"流程"二字，究其意义，无疑是事后总结出来的东西，是为了应对昨日的问题。如果你不断地重复以前的做法，就好比总是把避雷针插在闪电击中过的地方，有一天，你必然不再出类拔萃，失去当初令你绽放光彩的力量。要想重新获得掌控，你需要清楚地知道自己在做什么，而不是盲目地照搬他人的做法，或是无意识地重复自己过往的做法。

要想清楚地知道自己在做什么，你需要知道**为什么**要这样做。

你们的每周例会有明确的目的吗？还是说，只是因为继续做习惯的事情会更省事——而且用不着跟那个喜欢开例会的人展开一场艰难的对话？

你们之所以开头脑风暴会，只是为了让大家有机会显摆聪明才智？还是说，它真的能带来有价值的创意和实实在在的决策？

你的网站上为何会有弹窗？它能带来你想要的结果吗？还是说，你做它只是因为有人告诉你这是个好主意？

不要照搬各种工具、方法和食谱，相反，去掌握它们背后的原理。

一旦你明白了原理——一旦你理解了做法背后的"为什么"——你就可以创造出属于自己的好方法。

你的"第一性原理"

如果读过商业书,你多半知道柯达(Kodak)衰落的故事。1975年,柯达公司一位年轻的工程师发明了世界第一台数码相机。然而,公司管理层并没有把这项技术商业化,而是把它雪藏起来,因为它跟公司传统的胶片业务构成了竞争关系。

最终,柯达发觉自己被自家发明出来又搁置不理的技术打得七零八落。虽然公司后来也进入了数码相机市场,但行动来得太晚,效果也太杯水车薪了,简直就像在正在下沉的泰坦尼克号上重新摆放躺椅。柯达于2012年宣告破产。

但是,在太平洋的另一边还发生了一个远比这更重要的故事,却甚少被人提起。这就是富士胶片(Fujifilm)的故事。

随着数码相机的崛起,柯达在胶片业务上的主要竞争对手——也就是富士胶片——正面临同样的难题。它的核心业务也就是胶片市场,正在急剧萎缩。但与柯达不同的是,富士胶片的管理层愿意放下历史包袱,愿意放弃"我们就是做这个的,这项业务就等同于我们"的固执心态。

为了重新想象未来,富士胶片的领导层提出一个问题:"我们的'第一性原理'是什么?也就是说,在我们公司的核心能力中,有哪些可以朝新方向发展?哪些其他行业能从我们最擅长的事中受益?"

答案是什么?护肤品。

对,你没有看错。2007年,富士胶片推出了高端护肤品牌艾诗缇(Astalift),宣传语写得十分恰当:"像照片一样定格时光。"

乍一看，照片与护肤可谓毫无共同点，但表象是有欺骗性的。

原来，保护胶片不受紫外线伤害的抗氧化剂，对人类的皮肤也有同样功效；另外，约占胶片材料成分半数的骨胶原——也是皮肤中含量最高的蛋白质——是护肤产品中常见的成分。

于是，公司把过往在骨胶原与抗氧化剂方面的经验综合运用起来，研发出了护肤品的配方。富士胶片原本做了几十年胶卷的部门，重新调整了方向，开始生产护肤产品。

2012年，当胶卷领域的老对手柯达宣告破产的时候，多元化的富士胶片取得了超过200亿美元的年度营收。公司继续重新部署力量，开拓新方向，其中包括健康个护、制药、生命科学。不少新投资并未成功，但少数几个大获成功的产品线足以抵消损失。

富士胶片也从没放弃胶卷行业。为了保护自己的历史和文化——这就是他们的"谐音梗口味的冰激凌"——富士仍然生产胶卷，尽管这一块对公司利润的贡献十分微薄。不过，这个份额又开始逐年增长了，因为人们对模拟图像与实体媒介的怀旧情绪让传统的胶卷产品重新焕发出生机。

这就是"第一性原理"思维方式的力量——将一个系统最根本、最精华的元素提炼出来，用全新的方式重组。

类似的例子还有很多。在创立之初，YouTube是个视频交友网站。2005年2月14日——那会儿还没人知道"刷手机"为何物——YouTube的三位创始人推出了一个网站，让单身族可以上传视频，把自己介绍给适合的对象。"就是三个家伙，在情人节闲着没事干。"联合创始人陈士骏（Steve Chen）这样解释道。可是，他们没做成丘比特。于是他们重新运用那个想法背后的技术，做了另一个产品：让大家可以简单地上传任何主题的视频。

在成为价值160亿美元的公司之前，Slack原本是个名叫Tiny Speck的游戏开发公司。21世纪第二个十年之初，这家公司做了一个名为Glitch的多人线上角色扮演游戏，游戏中内嵌了一个聊天工具，玩家们可以用它来沟通。当这款游戏没能获得足够的玩家青睐时，开发者们把这个聊天工具拿出来，做成了一个单独的产品。

"第一性原理"思维方式的用武之地远不止于商业世界，你也可以把它运用在自己身上：找出构成你的原材料，然后重塑一个全新的你。花点时间，把组成你的"砖瓦"梳理一遍——你的才华、兴趣、喜好，就像乐高的积木块一样。

有一些问题需要认真考虑。是什么让你成为**你**？在你的人生中，有哪些持续不断的主题曲？哪些事情在你看来就像玩一样，但在别人看来是工作？有哪些事，你甚至从没觉得那是一种能力，可别人认为是？如果问你的另一半或最好的朋友，你的"超能力"是什么（也就是你比一般人做得好的事情），他们会怎么说？

基本上，我们不大信任自己的超能力，因为它来得挺容易。我们重视艰难困苦，瞧不上轻松易得。我们早已被人说服，认为如果没有感到痛苦——如果不够苦、不够累、不够匆忙、不够挣扎——我们就没走在正确的道路上。可是在人生中，无须高温高压也能造出钻石，这是有可能的。

仔细分析一下，每一桩你很擅长做的事背后，都需要哪些技能。比如说，你特别擅长组织活动，这不只意味着你是个出色的活动组织者，它还意味着你能够很好地跟别人沟通，激发别人的热情，创造出令人难忘的体验。这些技能适用的场景，很可能比你意识到的多得多。

在我的人生中，一个持续不断的旋律就是"讲故事"。孩提时代，自从学会用爷爷的安德伍德（Underwood）牌打字机，我就开始写故事。上小学的时候，我花了好多时间写作——剧本、故事，还为我创立的杂志撰稿（杂志唯一的读者是我父母）。长大成人后，我做了律师，开始代表客户讲出有说服力的故事。随后，身为教授，我用故事来吸引学生们的注意力，启发他们的智慧。如今，身为作者，我运用讲故事的能力，用令人难忘的方式来传达我的思想。食谱改变了，但核心食材从未改变。

你的"第一性原理"往往就是被你压制得最狠的那些特质——因为它们令你与众不同。

对我来说，玩就是这种特质之一。童年时代，我特别会玩，当这个特质开始妨碍我融入群体的时候，我用自律压制了它。现在，我依然在重新认识自己爱玩乐的那一面，当我的内在小孩跑出来开心玩耍的时候，我的写作最为自由顺畅。

你的内在小孩往往握着开启你核心能力的钥匙。想要原创，就要回归原初——据说这是西班牙加泰罗尼亚建筑师安东尼·高迪（Antoni Gaudí）的话。所以，与原初的那个你重新建立联结吧。当你还是小孩子的时候——早在这个世界把各种事实和道理灌输给你之前，早在教育把乐趣从你喜欢做的事里偷走之前，早在"应该"二字命令你如何运用时间之前——你最喜欢做什么？

孩提时代让你显得"古怪"或与众不同的东西，在成年后会让你出类拔萃。重拾那些遥远的、模糊的记忆，让它们成为启发和灵感，帮你找到现在你最想做的事。

一旦把组成"你"的核心要素解构出来，就从零开始，重构一个全新的自己。但是，不要复制原有的东西。去重新想象，用崭新的方式把你的核心特质重新组合起来，找出潜在的崭新未来。进入一个全新的职业方向或行业，就像富士胶片和 Slack 那样；围绕你的核心能力，改换目标受众，就像 YouTube 做的那样。

发现自己的核心特质之后，你会渐渐看见自己身上蕴含的那惊人的丰盈与复杂。

把自己多元化

> 我辽阔广大，我包罗万象
> ——沃尔特·惠特曼，
> 《自我之歌》（Song of Myself）

想象一下，每天都吃同样的食物是什么感觉？早饭、午饭、晚饭，全都一样。

19 世纪初，爱尔兰的数百万人过的就是这种日子。他们几乎只吃一种品种名叫"爱尔兰脚夫"（Irish Lumper）的土豆，一个劳动力平均每天要吃掉 14 磅。

这种单一的作物系统喂饱了人们——直到美国的蒸汽船将不速之客带到了爱尔兰的海岸边。

这个客人就是名为"致病疫霉"的土豆病菌。在希腊语中，这个名字十分直白——植物杀手。这种病菌迅速摧毁了爱尔兰的土豆植株，把这些不可或缺的块茎食物变成了没法入口的烂泥。

紧接而来的大饥荒持续了 7 年。到了 1852 年，已有 100 万人丧生，饥荒发生10年后，超过200万人永远离开了故土，这导致爱尔兰的人口总数锐减了近25%。此外，还有大量其他因素也加剧了悲剧，包括英国政府的无效治理，以及驱逐佃农的残忍英国地主。

导致大饥荒的一个主要原因，是爱尔兰的土豆品种缺乏多样性。大量最贫苦的民众依赖"爱尔兰脚夫"品种，事实证明，在"植物杀手"面前，这种土豆是最脆弱的。因此，致病疫霉不但摧毁了植物，也摧毁了靠它们维生的人。

无论是农业、商业，还是人类，任何系统只要缺乏多样性，就会变得脆弱。企业连年对同一个"土豆品种"过度投资后，就会变得老旧过时。如果你认为自己只是一个卖胶卷的，就像柯达一样，那么你就会无视数码影像的革命；如果你给自己的定义是做面板型全球定位系统（GPS）的，那么你就会犯下跟佳明（Garmin）一样的错误，忽视了智能手机革命；如果你认为自己就是一家出租碟片的实体店，你就会错过流媒体革命，走上百视达（Blockbuster）的道路。在上述这些例子中，企业都是因为缺乏多样性而错失了进化良机，走上了通往灭绝的道路。

想想推出黑莓智能手机（BlackBerry）的RIM公司。"我就是那种典型的只做一件事的人。"在一次采访中，这家公司的前董事兼联席CEO吉姆·巴尔斯利（Jim Balsillie）这样说。采访者问巴尔斯利是否打算将RIM的业务多元化，拓展至黑莓手机之外，但他的反应是？——"不！"然后是一阵大笑。"我们可不擅长多元化。要么飞上月球，要么撞到地面。"巴尔斯利又大笑起来，"但把它送上月球还是挺好的。"他微笑着补上一句。RIM平稳地飞向目标——直到撞上了一颗名叫iPhone的小行星。2009年到2014年的短短五年间，

RIM 的智能手机在美国的市场份额从将近 50% 锐减至不到 1%。

施乐（Xerox）传奇性的研发实验室帕洛阿尔托研究中心（PARC）发明了第一台个人电脑，这件事大家都知道。可除此之外，它还发明了许多极为重要的创新产品，比如鼠标、以太网、激光打印，还有图形用户界面。然后，它什么也没做。毕竟施乐做的是复印机，不是电脑嘛。不过，施乐倒是邀请了一个人去参观 PARC，其中一个环节就是看它发明的个人电脑。此人正是史蒂夫·乔布斯（Steve Jobs）。乔布斯做了详细的笔记，挖走了 PARC 的顶级人才，然后，受到所见的启发，他做出了世界上首台图形界面计算机 Apple Lisa，即 Mac 的前身。

如果这些组织没有把自己的身份与最成功的产品——他们的"爱尔兰脚夫"土豆——绑定在一起，或许就可以抓住新机会了。

固守单一身份，同样也会影响个人发展。我们得到的训导是，只展露自己的一个部分——一个维度、一种个性、一种职业。想想那个老套的问题："你长大之后想干什么呀？"或者是："你是做什么的？"这些问题背后的潜台词很清楚：你做的事定义了你——你是医生、律师或工程师——而且你做的事是单一的、一成不变的。

如果你的身份与职业牢牢地绑定在一起，那么万一你失去这份工作，该怎么办？万一你不想再做这份工作了呢？如果你花了一辈子打磨的那项专业技能过时了，你又该怎么办？

想要拥有真正的韧性，唯一的办法就是多元化。像投资一样对待自己，去对冲风险。一旦找到自己的核心特质，就去重组它们，尝试各种各样的组合方式。追寻五花八门的兴趣爱好，把**你自己**多元化。如果你拥有能够重新组合、能不断适应新方向的各种特质与技能，你就拥有了非凡的优势,可以随着未来一起进化。

多元化不是像章鱼那样改变自己的颜色来融入环境,它指的是步入自身的丰富多彩之中——你的各个方面,你的所有一切。它指的是,你要明白你是一个尚未定型的人,而且也无须定型。认为自己是单维度、一成不变的,完全不符合生活的天然属性——在生活中,你从每一段经历中学习,然后不断进化。

多元化不仅能确保你有韧性,它还是全新力量的源头。正如法国遗传学家弗朗索瓦·雅各布(François Jacob)所说,"创造即重组"。成功的创造者喜欢追随自己的好奇心,自由地发展:说唱歌手写小说,演员画画,创业者拍电影。获得诺贝尔奖的科学家们追寻艺术类嗜好的热情,大约是普通科学家的三倍。凭着直觉,他们知道,表达的媒介会相互影响,花在嗜好上的时间会为自己的主业增添丰富性和深度,而且,多元化的追求会带来更广义的安全感。我们每个人都需要给自己建一个"研发部",不断地探索和尝试各种新的维度。

当你冒险追求价值的时候,多元化还能帮你降低风险。如果你拿出人生的一个维度去"探月",可连月亮的边都没沾着,你还可以继续稳稳地站在地面上。

阿梅莉亚·布恩(Amelia Boone)是为苹果公司工作的律师,同时也是一名耐力项目运动员。刚开始训练的时候,她连一个引体向上都做不下来,但此后她三次摘得"最强泥人"国际障碍挑战赛(World's Toughest Mudder)的桂冠。与这场24小时不间断的赛事相比,马拉松都成了闲庭信步。

大腿骨折后,布恩不能再参加比赛了。但受伤并未给她造成重创,因为她利用康复的时间重新拾起了对律师事业的热爱。她还可以稳稳当当地站着。

  做多元化拓展的时候，组合越是非比寻常，潜在价值就越大。歌手去学跳舞，这当然有帮助，但这种组合太常见了，没有任何特异之处。而罕见的组合会带来出乎意料的好处：一个会编程的医生，一个有出色演讲能力的承包商，一个懂法律的工程师，一个会跳芭蕾的橄榄球运动员——就像获得海兹曼奖（Heisman Trophy）的赫歇尔·沃克（Herschel Walker）那样。① 当人们用"矛盾体"这种词来形容你的时候，即是说，你这人复杂到难以归类，此时你就知道，你走在正道上了。

  当你拥有了复杂多元的身份，拿自己跟别人相比也就变得徒劳了。世上哪有为"从火箭科学家转行成律师，再转行成教授，又转行成作家的土耳其裔美国人"准备的标准剧本呢？我没有遵循固定的套路，而是写出了自己的故事。到目前为止，这是一个充满欢乐的故事，一路走来，满是各种激动人心的情节转折。在外部看来，这些改变或许让人眼花缭乱，但多亏了这些多元化的身份，对我来说，人生成为一场奖励丰厚的"选择你自己的冒险故事"的游戏。

  未来属于那些能够超越单一故事、单一身份的人。

  这些人不会用"我是做什么的"或"我相信什么"来定义自己。他们从事法律行业，但不是律师；他们演戏，却不是演员；他们支持民主党的候选人，但不是民主党人。

  他们不会被单一的故事界定。

---

① 赫歇尔·沃克（1962— ），曾于1982年赢得海兹曼奖。根据1988年4月11日《纽约时报》的报道《沃克平衡了大块头与芭蕾舞的关系》（"Walker Balances Bulk With Ballet"），他也会跳芭蕾。

他们播下各式各样的作物种子。

他们辽阔广大。

他们包罗万象。

第五章　发现你的使命

取得成就的人极少坐等事情发生。他们主动促成事情发生。

——埃莉诺·史密斯（Elinor Smith），美国飞行员

你的人生剧本

29 岁的男演员盯着自己的银行对账单。

他名下只剩下 106 美元。

他的演艺生涯毫无出路，他已经付不起这间便宜的好莱坞公寓的房租。他甚至想把自己的狗卖了，因为已经没钱买狗粮了。

为了不想这些事，他决定看看重量级拳击赛。卫冕冠军穆罕默德·阿里（Muhammad Ali）要对战查克·韦普纳（Chuck Wepner），一个没什么名气的俱乐部拳手。对阿里来说，这场比赛本该易如反掌。可是韦普纳克服万难，一直坚持了 15 个回合才被击败。

面对历史上最伟大的拳手之一，这位无名小卒展现出了英雄般的气概。受到这种精神的鼓舞，这位演员决定写个剧本。既然在别人写

的电影里争取不到角色,那就给自己写个主角来演吧。他抓过一支圆珠笔,找来一沓纸,写了起来。

只用了三天半,他就写完了。

有一天再次试镜失败后,他正准备走人,忽然心血来潮又折回头去,把写了剧本的事告诉了制片人。制片人被他勾起了兴趣,读完剧本后十分喜欢,向他提出了 2.5 万美元的报价来买下版权,但有个附带条件:要让有票房保证的著名演员来演主角。

这位演员拒绝了。

他写这个剧本,就是为了让**自己**来演主角。"我宁可把剧本埋在后院里,让毛虫去演主角。"他对妻子说,"要是就这样把它卖掉了,我会恨自己的。"

制片方把他的拒绝当成了谈判策略,于是不断地抬高价码。10 万美元,17.5 万美元,25 万美元,最后抬到了 36 万美元。

他不肯妥协。

制片方不断强调,他们需要一个大演员来演主角,可这个演员就是想要活出剧本故事里的那种精气神儿——追寻梦想,相信自己的重要性。

制片方终于松了口,答应拍这部电影,但条件是预算一定要低。片子 28 天就拍完了,只用掉了区区 100 万美元。为了控制支出,这个演员把好多亲戚都拉上了场,包括他父亲、兄弟、妻子——甚至还有他的狗"布特库斯"。

出乎众人意料,影片一炮而红。全球票房达到了 2.25 亿美元,拿到了 1977 年的三项奥斯卡金像奖(Academy Awards),包括最佳影片。

这部电影就是《洛奇》（Rocky），这位演员就是年轻的西尔维斯特·史泰龙（Sylvester Stallone）。

绝大多数人要是处在史泰龙的位置上，肯定就让出了主角的位置，把剧本卖掉完事。但史泰龙想当演员，他有长远的、清晰的指导原则，因此作决定很简单。他绝对不会放弃主演一部有轰动潜质的大片的机会——而且是扮演为自己量身定做的角色——即便这意味着拒绝一个收益颇丰的交易，两手空空地走开。

如果你把一粒种子头朝下种到土里，在发芽过程中，它会自行纠正方向。根系知道，为了生长，它应该朝着哪儿伸展，于是它就把方向掉转过来，直到正确为止。但和植物不一样的是，绝大多数人明知自己走上了错误的方向，依然继续走下去——只是因为他们一直就是这样做的。结果，他们度过了与真正的自我并不一致的一生。

问问自己：**这辈子，我想要什么？我打心眼里想要的是什么？**

想明白自己想要什么是极其困难的。如果你和绝大多数人一样，这辈子一直沿着别人为你设定的方向走，或是一直在追寻别人告诉你的、你"应该"想要的东西，这个问题就会变得更难回答。

以下是几个起步的方法。

忘了"追随激情"那种话吧，那太难了，没法做到。相反，去追随你的好奇心。**你**觉得哪些事情很有趣？留意心中那些总让你不得安宁的细微线索，比如，多研究研究植物学，去上焊接课，捡起搁置已久的缝纫爱好……答应它们。那些能勾起你好奇心的事不是偶然发生的，它们会为你指出该去的方向。好奇心跟食欲不一样，你越是满足它，它就变得越强烈。你越是认真地寻找面包屑的踪迹，就越容易发现更多。

问问自己：对于我真心想要的东西，如果没有一个人能知道它——如果我不能对朋友们提起它，或是不能把它发到社交媒体上——我会怎么做？这个问题背后的道理很简单：它看上去有多光鲜、多高级，都不重要。如果你总想给"看不见的陪审团"留下深刻印象，就很容易变得因循守旧，不敢采取那些能让你活出真我的大胆行动。如果一个选择无法令你感受到生命的活力——觉得自己生机勃勃、浑身是劲——那它就不是个好选择。

"不必问世界需要什么，"正如美国神学家兼学者霍华德·瑟曼（Howard Thurman）所说，"问问自己，什么事让你变得生机勃勃，充满活力，然后就大胆去做。因为世界需要的正是生机勃勃、充满活力的人。"我以前认为，做那些让我充满活力的事情无异于任性和放纵自己，但事实刚好相反，追寻自己真心想要的东西不是给世界造成负担。这是灯塔。当你这样做的时候，你崭新的存在方式成为一种榜样，让他人得以追随。套用歌手莉佐（Lizzo）的一句歌词：当你闪耀出光芒，你也在帮其他人闪耀光芒。当你允许光照耀到你的棱镜之上，你会折射出一道彩虹，它延展出的长度远远超过你自身。

为了发现哪些事让你感受到生命的活力，哪些事让你疲沓无神，你可以做一个"能量日记"。记下自己何时感到浑身是劲、跃跃欲试，也记下何时感到厌倦、无聊和疲惫。捕捉身体给你的微妙信号——它何时感到放松和舒展，何时感到紧绷和收缩。观察得越仔细越好（"今天下午我回邮件的时候，感到胃里一阵紧缩"）。有时候，你没法解释你为什么特别喜欢做某件事，可你知道它能温暖你，让你由衷地感到快乐。大半辈子以来，我们一直在忽视这些内在的信号，所以除非仔细倾听，我们很容易错失它们。要学会察觉身体的反应，当你感受到生命的活力时，看看身体向你发送了什么信号。以后你就可以遵循这些信号的指引了。

如果你想寻求那种令你感到"幸福"的时刻，请当心。在我人生中最重要的时刻，我感受到的并不是幸福——面对面前的道路，我感到焦虑：我觉得自己还不够好，我觉得自己准备得还不够充足。我感受到的是沉重：我确信自己扛不起这副重担，这让我心生畏惧。

然而我依然去做了。唯有在一大波混杂交织的其他情绪席卷过后（它们通常还会再盘桓一阵），幸福感才翩然而至。如果你想追求的只有幸福，你就一步也不会离开舒适区。因为迈出舒适区——看定义就知道——肯定是不舒适的。

此外，也要问问自己，**在我的理想生活中，"星期二"是什么样子的？** 这个问题是我从表演老师杰米·卡罗尔（Jamie Carroll）那儿学来的。人们很容易梦想着"星期六"那样的高光时刻：得到了晋升，拿下了一个特别棒的角色，签订了书稿出版合同，等等。可这种时刻很稀少，也稍纵即逝，余下的日子都是"星期二"——寻常的、普通的每一天。

你可能会想：**只做我想做的事儿？那怎么行！** 这可能是因为，你以为如果自己有了想做什么就做什么的自由，大概就会终日沉浸在抽烟、喝酒、打游戏中了。确实，彻底自由之后，你可能会这样沉迷一阵子，可终有一天你会感到无聊。你会发现，这些行为只不过是收效甚微的替代品，无法填充你心中那些未被满足的渴望：冒险、心流体验、深入的了解与沟通……要满足这些渴望，需要的是更有建设性的、更持久的方式。唯有允许自己去做那些"你认为自己想做的事"，你才会发现那些"你真心想做的"（以及不想做的）。

最后，请认真思考你此生的使命。你为了什么而存在？如果要你为自己写一份悼词，描述你的一生，你会怎么写？如果躺在临终的床上，你会为哪些没做的事情而后悔？人生使命往往跟你的核心特质紧密相关，再回顾一遍你的核心特质，思考一下，你该如何运用它们来表达自我。

大家都知道，北极星是恒定不动的。但事实并非如此。和天空中的一切事物一样，它也在运动，距今大约两千年后，它就不再"指北"了。在这一生中，你想要的东西也是可以变的，就像你所在的这个世界会改变，你这个人也会改变一样。事实上，追随自己的好奇心，这无可避免地会改变你。它会让你离开原先的老路，走上一条全新的存在之路。只要你是有意识地选择了它，知道自己在做什么，改变方向没有什么不对。

一旦想清楚了自己要什么，就对那些无关紧要的事情说"不"，退出那些不能带你接近目标的、毫无意义的竞赛。如果你没能预先想清楚自己的指导原则，在需要作决策的紧张关头，你就会听任那些看似紧急的事情把真正重要的事情挤走。

演员金·凯瑞（Jim Carrey）说，他的父亲珀西（Percy）原本可以成为一名出色的喜剧演员。但珀西觉得靠喜剧维生很愚蠢，因此作出了安全的选择，去当了会计。可后来他遭到解雇，全家人无家可归。回顾父亲的一生，凯瑞说："做你不想做的事情，也是有可能失败的。所以，没准你应该给自己个机会，去做热爱的事。"

在寻找人生使命的过程中，我们往往会躲开那些自己不想做的事，而不是朝着自己想做的事跑去。就像凯瑞所说，我们的选择依据是"实用性或现实性，但背后隐藏的其实是恐惧"。追寻自己真心想要的东西确实会令人感到害怕,因为你有可能得不到它。

卡尔·萨根花了一辈子,想找到地外文明存在的证据。他失败了,没能找到。可他让千千万万人——其中包括我——对宇宙和星辰产生了浓厚的兴趣。他对人性做出了难以估量的巨大贡献,这提升了他自己生命的层次,也帮助我们去理解这个有幸生活在其间的宇宙。

只要你享受了这趟旅程,只要你创造出了令自己感到骄傲的艺术作品,就算你没能抵达心目中的终点站,又有谁会在乎呢?

你已经是赢家了。

空想家和实干家

要想找到自己的人生使命,你需要行动起来。挽起袖子,迈开双腿,不断试验,去积极探索你的下一步。

绝大多数人不做试验;还有些人压根就不采取行动,继续窝在原地。这些就是所谓"扶手椅上的冒险家"——对每一件事都过度思考,掉进不断衡量利弊的兔子洞,由于害怕走错,所以从不迈步。还有一些人,刚有个想法就草率地跳到了执行阶段。他们之所以略过了试验环节,是因为他们相信,现实肯定会证实自己"半熟"的想法。

如果说这辈子我遵循了什么成功定律的话,那就是这一条:停止过度思考,开始试验、学习,然后改进。

试验胜过争论,行动是最好的老师。你可以列出详尽的利弊比较清单,想怎么写就怎么写,可是,除非你真的去尝试了,否则很难评断哪些行得通,哪些不行。

在法学院当教授的那段时间里,我发现,有无数学生出于错误的原因上了法学院。比如,有人是因为别人说他"很擅长辩论",有人是因为自家叔叔是杰出的律师,有人是因为从小看着热门剧集《法律与秩序》(Law and Order)长大,所以一心想当检察官。

在这些例子中,现实都没能符合他们高出天际的期望。之所以会有这种不匹配,就是因为他们没做过试验,所以对法律这条路究竟是否适合自己,压根没有概念。当律师究竟是什么感觉?当神经外科医生呢?开播客呢?绝大多数人连调查都懒得做。

你想上法学院是吗?别看《法律与秩序》了,别听你叔叔那些不大靠得住的建议;相反,在法学院的课堂上坐一坐。去你们当地的律师事务所实习一阵子。

想当神经外科医生是吗?找几位神经外科医生聊聊,看看他们的每一天是怎么过的,他们的"星期二"是什么样子?收集各方观点。找一位神经外科医生,当他的小尾巴,跟一整天。跟热爱本职工作的神经外科医生聊一聊——更重要的是,跟那些不喜欢这段职业生涯、最终离开这个领域的前医生们聊一聊。

想开个播客?那就做个试播版,先录10期音频,看看自己喜不喜欢干这个。

做试验,就是怀着谦卑之心——承认自己并不确定这个想法能不能成。试验也会让你对自己的想法没那么执着。你还没有下定决心搬到新加坡。只是先过去住两周,看看自己是否喜欢那里。多备几个选项,这样你就可以作比较,看哪一个最适合自己。不要只去新加坡一个地方。也去一趟伊斯坦布尔、香港或悉尼。

目标不是寻求"正确",而是去发现。朝着不同方向探索的时候,有时候确实会走上死胡同,或者你会发现,你尝试的那条路并不适合你。没错,这个在律所实习的夏天简直过得度日如年。可这下你用不着浪费三年的时间,也免得背上不必要的债务,去给法学院交学费了啊。你知道了法律这个行业不适合自己,现在可以去迎接其他的可能性了。

狮子追踪师把这叫作"无狮之路"。著有《狮子追踪师的生命指南》(*The Lion Tracker's Guide to Life*)的狮子追踪师博伊德·瓦提(Boyd Varty)这样写道:"沿着一条路追踪过去,却没有发现狮子的踪迹,这就是发现踪迹的一部分……不采取行动即是浪费,关键就是保持移动,不断地调整,欢迎各种反馈。'无狮之路'正是'有狮之路'的一部分。"无论是在寻找狮子踪迹的小径上,还是在人生中,最糟糕的错误就是被各种选择弄到不知所措,一个都不去尝试。

我做试验的时候,会问自己三个问题:

1. **我在测试什么?** 你要做试验了,所以你得知道你在测试什么。我会喜欢做播客吗?我想住在新加坡吗?

2. **怎样算是失败?怎样算是成功?** 在一开始,就要想清楚你对成功和失败的衡量标准。此时你的头脑相对清晰冷静,一旦你置身其中,情绪和沉没成本可能会影响你的判断。

3. **试验何时结束?** "某一天"不是好答案。确定一个日期,在日历上标出来,到了那天就对这个试验作出评估。开始一件事比结束一件事要容易得多,因此制订退出计划十分重要。

做试验的最佳心态就是"真想知道后面会发生什么"。正是这种不确定的感觉,推开了可能性的大门。带来出乎意料的结果的试验,远比证实已有想法的试验有价值得多。

带着这种心态,人生就变成一场发生在你的"私家实验室"里的、永无止境的尝试与探索。你可以去挖掘自身蕴藏的各种潜力，而不是抱定某个一成不变的自己。你可以探索各种不同的未来，去发现哪些东西适合你，哪些不适合，让道路在这个过程中自然显现出来，而不是制订刻板的计划。

追求金牌的弊端

因在喜剧《宋飞正传》（*Seinfeld*）中扮演乔治·科斯坦萨（George Costanza）而广为人知的杰森·亚历山大（Jason Alexander），被 8 次提名艾美奖。

可他从没拿到奖杯。

格伦·克洛斯（Glenn Close）被 8 次提名奥斯卡奖。

她也从没拿到。

卡尔·萨根曾被提名入选美国国家科学院（NAS）院士，这是科学界的最高荣誉之一。

可他被拒绝了。绝大多数学术权威瞧不上萨根的科普工作，投了反对票。

艾萨克·阿西莫夫写书写到了第 262 本，才终于登上了《纽约时报》（*New York Times*）的畅销榜。这个数字没有印错，他连续 43 年笔耕不辍，但前 261 本都不畅销。

这说明克洛斯和亚历山大不是好演员吗？说明萨根是个蹩脚的天文学家，阿西莫夫的前 261 本书都很烂？

当然不是。

可是，在我们自己的生活中，我们往往会根据这一路拿到了多少奖牌来决定自己的价值。我们想要被杰出的前辈们选中，而这些前辈也正是当年中选的人。我们想获得外部的认可，希望有人嘉奖我们，即拿到金牌——我们让别人来决定我们够不够好。而赢得赞赏之后，生活就变成一根绷紧的钢丝，我们必须小心翼翼，不能失去那份赞赏。

"我有个绝妙的发现。"据说拿破仑曾这样说，"为了赢得缎带，人甘愿拿命去冒险，死了也不在乎！"我们一心想着赢得"缎带"——社交媒体上的粉丝数量、令人艳羡的职位头衔——却忘记了这些虚荣的衡量指标极少能对真正重要的事情产生影响。我们渴求掌声，而不是进步；我们追求那些和真正的自我并不一致的目标；我们参与毫无意义的竞赛，去争取毫无意义的奖品。

越是重视那些虚荣的衡量指标，我们就越害怕失败。越是害怕失败，我们就越渴求稳妥的成功。而越是渴求稳妥的成功，我们就越倾向在别人画好的线稿上涂色。于是，出类拔萃离我们越来越远，我们终于泯然众人。

如果你让内心的指南针根据外部的衡量指标指引方向，那它永远也不会稳定。指针必然会来回摆个不停，因为外在的认可是变幻不定的。如果你想寻获内心的稳定，那就用你自己的价值观当指南针，别用别人的。

亚历山大、克洛斯和萨根都不能掌控评奖委员会如何投票；阿西莫夫不能掌控有多少人买他的书；你没法掌控老板给不给你升职，你能否得到那份想要的工作。

要是我们根据一个人不能掌控的结果来评估他的能力，那么每个中了彩票的人都是天才了。

送给你一个简单的问题：**这件事在我掌控之中吗？**

不要把人生的控制权交给其他的"飞行员",你有自己的方向感和平衡杆。专注于那些你能塑造的东西——忽视其余的。

你得到的够多吗

我们得到的已经足够多了,比足够更多。

有一天,我和太太凯西在波特兰(Portland)我们最喜欢的一家餐馆吃饭,开车回家的路上,我俩闲聊着,都说这顿饭吃得好饱。凯西转向我说:"真奇怪。在吃饭这事上吧,我们都知道自己吃够了。可在生活中的其他事情上,我们好像就不知道。"

她说的没错。

我们努力地再挤出一个小时来工作——即便我们已经工作得足够多了。

我们努力地多赚钱——即便我们已经赚得足够多了。

我们想要更多的注意力、更多表扬——即便从长远来看,这些东西不会令我们感到幸福。

我们的身体是明智的。当肠胃已经饱足之后,它会大声告诉我们,别再吃了。

可我们的小我是愚蠢的。它会周期性地感到不满足,它渴求更多金钱、更多注意力——更多一切——即便我们拥有的已经比足够更多。

你想当百万富翁是吗?一旦银行账户达到了 7 位数,你就会开始瞄准 8 位数。你想要有 1000 个粉丝?一旦数字达到,你就会开始想要 1 万,然后是 10 万。你想过得跟邻居家一样有排场?一旦你做到了,你就会把眼光转向另一个更加风光的邻居——房子更大、车子更拉风的那个。如果你不去界定自己心目中的"足够"是多少，默认的答案永远是"更多"。

就像人们常说的，为了增长而增长，是癌细胞的特性。名叫"更多－更多－更多"（more-more-more）的怪兽永远不知道满足。无论有多少钱，都不足以预防所有的艰难困苦；无论多么稳定，都无法抵御所有的不确定性；无论有多少力量，都不足以击败所有的挑战。所谓的足够是不存在的。

所以，问问自己：在我看来，多少算是"足够"？我该如何判断我拥有的已经够了？"足够"的美好特性在于，究竟多少算是足够，决定权全在你手里。一旦"你觉得你拥有的已经足够，那就是够了"，赛斯·高汀（Seth Godin）这样写道，"做出这个选择之后，巨大的自由感随之而来。静止不动的自由，觉察的自由，不再逃避未做之事的自由。"

用一个流传甚广的小故事来收尾吧：这段逸事是作家库尔特·冯内古特（Kurt Vonnegut）讲的，是他跟小说《第22条军规》（Catch-22）的作者约瑟夫·海勒（Joseph Heller）的一段对话。当时，两人参加了一场由某位亿万富翁主办的派对。冯内古特对海勒说："咱们这位主人家，昨天一天赚到的钱就比你的《第22条军规》出版以来赚到的所有钱都多，对此你作何感想？"

"我有一样东西，他永远也得不到。"海勒答道。

"那究竟是啥玩意儿？"冯内古特说。

"知足的心。"

要当心你衡量的是什么

我刚当上教授那会儿,发现了一件特别有意思的事:《美国新闻与世界报道》(*U.S. News & World Report*)做的美国最佳大学排名,对学生和教职工的决定会产生巨大的影响。

《美国新闻与世界报道》把美国的大学和学位课程做成一张榜单,他们有一个计算公式来衡量哪些学校更加出色。

如果一所大学最重要的是教学质量,那么这个榜单就有严重问题。学校排名是根据一系列参数计算出来的,比如录取率、教师薪酬、校友平均捐赠率等,而这些参数跟教育质量都没什么关系。这个榜单没有评估学生是否学到了东西,或是他们对学习体验是否满意。

对学生来说,看榜单是个很省事的办法,相当于把决策"外包"给别人来做。许多人依靠榜单做出了此生最昂贵的一笔投资,可这种榜单传达的信息其实很少。他们没有认真思考哪所学校最适合自己,而是让榜单替他们作出决定。为表面风光付出的代价,就是内心的痛苦——当他们最终发觉自己非常讨厌这所学校的时候。

更有甚者,有些学校会操纵这个榜单系统来获取更高的分数。他们把计算公式拆解开,专门提升那几项能影响排名结果的指标,而不是把精力放在提升教学质量上。他们聘请并不需要的教职工;他们降低转学生的录取门槛,因为这个数字不计入排行;他们把大量资金投入招生活动中,增加学生申请数量,这样一来学校就可以拒绝更多学生,降低录取率。

那些不能操纵系统的,就动了作弊的心思。无数学校——包括声誉很好的乔治·华盛顿大学和埃默里大学——就曾经被发现谎报数据，试图提升排名。

管理学大师彼得·德鲁克（Peter Drucker）说过一句著名的话："凡是能量化的，就能被管理。"表面上看，这话很对：唯有把结果量化，你才能看出你的行动对结果是否有影响。

可是，被量化的东西不只是能被管理。被量化的东西还会吸引我们的注意力，并改变我们的行为。如果你不够小心，数字就会取代思考。它们会变成唯一重要的事。

商界的领导者往往会把手从"方向盘"上拿开，把控制权交给一连串数字。即便车子已经开下了公路——即便数字已经带着他们偏离了方向——他们仍然继续开车，因为他们受到的训练就是短视的：以车子的时速作为衡量标准，而不是抬眼看看它是否行进在自己想去的方向上。

富国银行（Wells Fargo）就掉进了这个陷阱。这家银行给员工施加了巨大的销售压力，让他们把更多的金融产品卖给客户。要想完成这种不可能的指标，唯一的办法就是欺骗系统，伪造新账户。富国银行的员工们"开设了150多万个储蓄账户，以及超过56.5万个可能未被授权的信用卡账户"。最后，这家公司只得拿出4.8亿美元来摆平证券欺诈的集体诉讼。

当我们过于关注量化的对象，就会对其他的一切视而不见——包括常识。

量化还有另一个弊端。它会促使我们只关注那些容易衡量的结果。律师以每6分钟为增量单位来计算工时费；程序员会数代码写了多少行；"网红"们统计点赞数和转发量，作为衡量业绩的切实证据；许多人密切关注银行对账单上的结余数字末尾有几个零，或是收件箱里的未处理邮件还有多少封。我们追踪那些容易追踪的数据——而不是重要的数据——并且误以为，如果我们达到了某些指标，就意味着取得了有价值的成果。

想想写作这回事。创造力需要把散落的点连起来，而要想把点连起来，我就需要留出时间，容许潜意识将想法慢慢塑造成形，然后建立关联。时不时地，我需要什么也不干，只是盯着窗外。

虽然这确实是个生产过程，可感觉上一点也不像。但是，当我以写了多少字来衡量自己的产出时——就像从流水线上把那些字词挪下来似的——我一点都没有成就感，反而感觉糟透了。

现代知识工作者的产出往往很难衡量。知识工作者装配的是决策，他们售卖的是影响力，他们推动改变发生；更有甚者，在知识工作者的输入与输出之间往往横亘着漫长的时间。他们可能要持续工作好几天、好几周、好几个月，甚至好几年，在过程中却见不到任何能被量化的东西。

实际上，人生中最有价值的东西往往都无法量化。比如诚实、谦卑、美、玩乐等，这些珍贵的特质都是无形的，于是就被人们忽略了。与去年相比，今年的你是否成了更好的父母、更好的同事？这很难衡量。于是，这些无法量化的东西就得不到重视了。

所以，要当心你在衡量什么。定期问问自己，**这个指标有什么意义？我衡量的东西有价值吗？这个指标是在为我服务，还是我在为这个指标服务？**

因为指标并不是结果，它只是达成结果的手段。

如果它不再服务于结果了，就该把它移除。

这不适合我

浏览康奈尔大学的课程表时，一个念头在我脑海中不断盘旋。

这不适合我。

当时我是大一新生，正在为后面的四年作规划。可我遇到了一个难题：面前这些专业没有一个吸引我。有一两个有点接近，可没有任何一个确切地符合我想学的东西。

接下来，我问了自己一个问题：**要是我自创一个专业呢**？我想知道，如果我不调整自己的喜好，不勉强自己去适应这个预先排定的课程表，那这张课表能不能改改？

我犹犹豫豫地找到教务处，问能不能自行设计学习的路线图。他们的回答让我大吃一惊：可以。学校里有个很少有人知道的项目，允许一小批大一新生自由设计自己的专业。

我提交了申请，获得了批准。我于是可以设计专属于自己的四年冒险之旅，选择我最想上的课程，而不是别人认为对我有好处的课。

人生中，绝大多数人都会选择最便捷的那扇门。我们沿着最容易的路走，被无形的线绳拉到这儿，又扯到那儿。我们告诉自己，**行，那份工作我可以干。行，我可以念那个专业。行，我可以缩一缩身体，挤过别人凿出的那扇窄门。**

但那扇门可能并不是你的最佳选择。别再委屈自己，强迫自己挤进现成的门；相反，去有意识地创造并打开适合自己的大门——这个行为中蕴含着巨大的力量。

一旦你想清楚自己这辈子最想要的是什么，就别管那些现成的课程表。

提出要求,创造属于你自己的课程表。

因为人生中最好的那些事,都不在既定的表格里。

自建的囚室

> 在笼中孵出的鸟儿却想着飞,这是病。
> ——亚历桑德罗·佐杜洛夫斯基[①]

想象一下,你被关在一个囚室里。

你抓住铁条,一边踢一边尖叫。你高声咒骂守卫,让他放你出去。

可是,没人能来帮你,因为这间囚室就是你自己建造的。你就是修建了这间囚室的建筑师,也是禁锢你思想的铁条,拖住你双腿的锁链。

你就是狱卒,你也是囚犯。

说实话,人生确实存在客观上的限制——你的出生地、你所属的社会层级,还有结构性歧视等,不一而足。可是,还有些限制是我们自己施加给自己的。你挡住了自己的阳光,遮蔽了自己的智慧。有一些门,宇宙还没来得及为你打开,你就自行把它们关上了。你开始精神控制自己——操纵自己,误导自己,令自己质疑身处的现实。

我们往往还会为这自建的囚室自行施加的限制辩护,这就让情形变得更糟。我们不敢开展新业务,因为我们认为自己的能力还不够;

[①] 亚历桑德罗·佐杜洛夫斯基(Alejandro Jodorowsky, 1929—),著名导演、编剧、演员、作家、制片人。

我们犹豫着不敢提升职,因为我们总觉得,比我们能力强得多的人才有资格。

我们的期望改变了我们的现实,成为自我实现的预言。常言道,若是你为限制辩护,那你就会继续留着它们。

令我们感到畏惧的并不是囚室里的黑暗,而是外面的阳光。我们抱怨囚室关住了我们,可是在内心深处,我们觉得它安全又舒适。毕竟这是我们亲手建造的嘛。外面的世界是个吓人的地方——一旦冒险走出去,谁知道会遇见什么。

囚室建成的时间越长,铁条上的锈迹越深重,我们就越难逃脱出去。事实往往是,我们甚至没有察觉到自己住在囚室里。随着日子一天天过去,我们对于"可能性"的过时认知持续不断地拖住我们,铁条在我们眼中渐渐变得隐形。我们在狭小的幽闭空间内来回踱步,丝毫没意识到出路的存在。

目前的生活状态令你感到不舒服吗?这或许就是一个信号,表明你在不知不觉中已经把自己关进了囚室;它也表明,有一个截然不同的人生正在等待着你,那种生活比你所能畅想的更美好、更激动人心。

问问自己:我为自己修建的囚室是什么?现状困住了我,而我在其中扮演了怎样的同谋角色?朝哪个方向我可以走得更远?我总是认为自己不够好、不够聪明、不够有价值、不够有资格,"所以我不能……"这种思维方式对我造成了什么阻碍?

为了看清你给自己施加的限制,你可以做一些"出格"的行为。觉得自己不可能做到某件事吗?大胆做一次试试。觉得自己不配加薪?鼓起勇气提出要求。有份工作你很想要,可你觉得对方不会录取你?先申请了再说。

虽然滚石乐队（Rolling Stones）告诉我们，人生在世，不可能事事随心，但是如果你不断拓展愿景的边界，可能性的疆域也会越来越广阔。你以为那些铁条不可撼动，可到头来却发现，它们只是幻象。

说到底，囚室的门并没有锁。

别再拍打铁条、咒骂守卫了。

别再阻拦你自己。

打开门，走出去吧。

改变的三个阶段

1. 你认为你做不到。
2. 被逼无奈之下，你做了（或者你足够勇敢，主动尝试了）。
3. 你发觉自己其实可以做到。

不再说"应该"

我决定把一个词从我的词典中删掉。

这个词就是"应该"（should）。在古英语中，它的意思是"有义务""欠债"。"应该"往往意味着我觉得自己有义务做某件事——而我很可能都没有意识到这种不情愿。

应该做这个，应该做那个……这种"应该思维"是我在不知不觉间接受的信念系统。"应该"反映的是他人的期望，即他人认为我应当如何度过自己的人生。这些"应该"就是我的囚室，是禁锢我思想的铁条，是拖住我双腿的锁链。

有些"应该"听起来非常熟悉：

☆ 你应该练习冥想。

☆ 你应该更积极主动地使用社交媒体。

☆ 你应该结婚生子——趁着一切还不太晚。

☆ 你应该等别人先找你说话，然后再开口。

在一波波的"应该"浪潮中，我们很容易迷失自己。当我发觉自己用了"应该"二字时，我准备做的那件事往往并不是我真心想做的。我被别人的期望带着走了，而不是向内心中的指南针寻求指引。

花点时间，把你人生中的"应该"都写出来。检视你囚室里的每一根铁条。针对每一个"应该"，都这样问问自己：

这种"义务感"从何而来？"我应该做某事"的念头是谁带给我的？它是我自己的愿望吗？这件事是我真心想做的吗？还是说，是我认为我应该想做的？

如果其中某一项"应该"确实是你发自内心的愿望——即它与真正的你非常一致——那就请你换一个词来表达，表明它不是一个义务，而是一种渴望。不再说"我应该……"，而是换成"我准备……"，或是"我想要……"，抑或"我有幸……"。

但是，如果它并不是你发自内心的愿望——如果它束缚了你的思维，限制了你的潜力，阻止你去追求想要的生活——那就放开手。

别再用"应该这样""应该那样"来限制自己了。为自己的期望而活，而不是陷在他人的期望中。

改变我人生的电子邮件

发,还是不发?

那年我 17 岁,在伊斯坦布尔念高三。我坐在电脑前面,这个问题不断在脑海中盘旋。

我刚给康奈尔大学的一位教授写了封邮件,光标还在最后一行闪烁。不久前,康奈尔录取了我。

我发现,那位教授是火星探测项目的首席研究员,更重要的是,他曾经是卡尔·萨根的研究生。萨根可是我童年时代的英雄啊。这简直太妙了,我都不敢相信。

我在邮件里表达了想去他这个项目工作的渴望,还附上了我的简历。可是,当我想点击"发送"的时候,一连串声音在我脑海中回响起来,提醒我囚室的存在。

没人说那边有工作岗位啊,你怎么能申请一个根本不存在的工作?

你能帮别人干什么啊?

要是你发了这封邮件,就会落得别人笑话。

在我成长的社会环境中,这些束缚变得愈加牢固。当我告诉朋友和老师们,有朝一日我想加入 NASA 的空间探测项目,他们的反应几乎异口同声:"肯定不行的。你生在一个发展中国家的最普通的家庭,像你这样的人不可能去探索太空。或许下辈子吧。"

我可不打算把梦想拖延到下辈子。

当别人说你干不成某件事的时候,这往往反映出,其实他们是在不允许自己去追求成就。他们的建议不过是这种心理的投射。看着你走出囚室，这让他们想起自己的监牢。**我还困在这儿，而你要走出去了？去做想做的事儿？你怎么敢！**

他们或许了解到，这件事做成的概率不高，可他们不了解你。

而且，关着的门未必上了锁。有些时候，你只需上前把它推开。

我决定推一下。我深深地吸一口气，发出了邮件。不到一周我就收到了回复，那位教授让我到了康奈尔之后找他做个面试。由于我在高中时掌握了一定的编程能力，拜其所赐，我在2003年"火星探测漫游者"计划的执行团队中得到了一份工作。

但当时我不知道的是，那封邮件催生了一连串的变化：在接下来的20年里，我出版了《像火箭科学家一样思考》，并由此开启了作家生涯。要是我不曾发出那封邮件，你多半也就看不到手里这本书了。

如今，我依然会时不时地陷入挣扎，努力地想要突破自己的囚室。当我发觉自己不敢采取行动的时候——当那些嘈杂的声音浮现，对我咆哮，说我做不到某件事情的时候——我就回想一下那封改变我人生的邮件。

然后，我就点击"发送"。

你做不到

"他变得很奇怪。脑子进水了？"他们说。

"没有进水，"你回答，"而是有些东西终于要出来了。而且这才刚刚开始。"

"他觉得自己可了不起了。"他们说。

"那我应该怎么着？觉得自己很差劲？"你回答。

"他变了，"他们说，"他不再是从前那个他了。"

"很好。"你回答，"因为我在不断成长和进化。"

"他这是遇上中年危机了。"他们说。

"这不是中年的危机，"你说，"这是中年的绽放。"

"你做不到的。"他们说。

"走着瞧吧。"你回答。

———————

访问 ozanvarol.com/genius，你可以看到各种表格、问题与练习，帮你运用书中所讲的策略。

第三部分
Part Three

內在的旅程

第三部分包含三章：

1. 解锁内在的智慧：与内在智慧建立联结，把你的创造力激发出来。

2. 释放玩耍的力量：利用玩耍产生原创想法。

3. 大胆创造：为了你自己，也为了世界，创造出有意义的艺术。

在这一部分，我将会告诉你：

☆ 最出色的思想家如何运用一个简单的办法来激发原创想法

☆ 咖啡馆里的盘子如何催生了诺贝尔奖

☆ 想要更好地思考，关键就在于"关掉"头脑

☆ 从网飞（Netflix）的最大错误中，我们能学到什么

☆ 为什么不要把办公室叫作办公室

☆ 战略性拖延的力量

☆ 所谓"厚颜无耻的自我推广"是无稽之谈

☆ 美剧《办公室》（*The Office*）的编剧们使用哪种出乎意料的办法来提高创造力

第六章　解锁内在的智慧

> 那伟大的戏剧继续上演，而你可以贡献一段诗行。
> ——沃尔特·惠特曼，
> 《哦，天！哦，人生！》（*O Me! O Life!*）

如何做到独立思考

电影《心灵捕手》（*Good Will Hunting*）中有这么一段情节：威尔和朋友们走进哈佛广场酒吧。他们都不是哈佛大学的学生——看他们的穿着打扮和说话的样子就知道了。在酒吧里，威尔的朋友查克跟一位名叫斯凯拉的哈佛女生搭起讪来。

紧接着，另一位名叫克拉克的哈佛学生出现了，开始捉弄查克，让他暴露学识浅薄。他问查克对"市场经济在南部殖民地的发展"有何看法。他继续说：

我的观点是，在独立战争之前，对经济形态——特别是南方殖民地——的最贴切的描述就是农业前资本主义……

电影史上最精彩的"碾压时刻"到来了——威尔插了进来。

威尔：这当然是你的观点。你是个研一新生，刚看完几本马克思主义历史学家的书，大概是皮特·加里森（Pete Garrison）的吧……那会一直持续到明年，到那时候你就该照搬戈登·伍德（Gordon Wood）的看法了，大谈一通类似战前乌托邦，还有军事动员的资本形成效应什么的。

克拉克：嗯，事实上我不会，因为伍德严重低估了……

威尔："伍德严重低估了以财富为基础的社会差异的影响，尤其是继承而来的财富……"这段话你是从维克斯（Vickers）的《埃塞克斯县的劳动力研究》（*Work in Essex County*）第98页看来的，对不对？没错，那本书我也看了。你是打算把那一整本书念给我们听呢，还是你对这事有自己的看法，哪怕是一丁点儿也行？

这一幕简直就是当前现实的真实写照。克拉克这样的人在世上比比皆是，却没有威尔来戳穿他们。

我们可能不像克拉克那么自命不凡，但做出类似事情的次数可比我们意识到的多得多。"我们喜欢显得有见识，却懒得动脑子想。"约翰·肯尼迪（John Kennedy）说。我们照搬听来的东西，而这些东西来自被电脑算法操纵的信息流。我们看见戈登·伍德们的观点，就顺手转发出去，都不曾停下来想一想。我们把这么多外部的垃圾灌输到内在世界中,以至于很难分辨哪些是别人的想法,哪些是我们自己的。

我们不用笔和纸思考。我们用谷歌(Google)"思考"。以已知的东西为起点,借用别人的看法,这比盯着空白的页面努力形成自己的观点要省事得多。在搜索的时候,我们甚至都用不着把问题写全,谷歌的自动填充功能替我们卸下了这个沉重的负担:它告诉我们"应该"查询什么,"应该"思考什么。然后,我们在经过优化处理的搜索结果中寻找关于人生、宇宙和一切的答案。这个过程给了我们一种思考的幻觉,然而在现实中,我们把掌控的权力——对头脑中宝贵的神经突触的控制权——乖乖地交给了操纵性的电脑算法。

畅销书《未被驯服》(*Untamed*)一书的作者格伦农·多伊尔(Glennon Doyle)有次就发现自己处于这种境况。凌晨3点,坐在床上,她在谷歌的搜索框里打出这个问题:"如果我丈夫出轨了,可他是个好爸爸,我该怎么办?"在瞬间的清醒中——许多人都不曾有过这种状态——她盯着这个问题,心想:"我这是在让网络替我做出一个最重要、也最私密的决定啊。为什么我宁愿相信地球上的随便一个人,也不愿相信我自己?**我自己到底上哪儿去了?**"

我也曾多次遇到跟多伊尔同样的问题,次数肯定比我愿意记得的要多。事实上,就在写你正在读的这一章时,我发觉自己跑到谷歌上去问:为什么写书这么难?就好像一群面目模糊的陌生人和我从没见过的机器人程序能帮我解决写作瓶颈问题似的。

人类最基本的体验之一就是思考,而我们已经与它失去了联结。我们从别人那里乞求答案,就好像托尔斯泰(Tolstoy)笔下寓言中的那个乞丐,向路人讨要零钱和铜板,却没有意识到自己正坐在一个黄金铸就的罐子上。我们不是向内深挖，到内心的最深处去寻找清明的智慧，而是把人生最重要的问题外包给别人，同时浇熄了我们自己的思想之焰。有朝一日，那些被浇熄的想法会回来叨扰我们，令我们心烦意乱，懊悔不迭：在令人钦佩的作品中，我们看见了当初被我们扼杀的想法——之所以瞧不上它，是因为那是我们自己想出来的。

正如鲍勃·迪伦（Bob Dylan）在那首《地下乡愁蓝调》（Subterranean Homesick Blues）中提醒我们的，"你不需要让气象员告诉你风往哪个方向吹"。当我们指望气象员来告诉我们一个明明可以自行找到的答案时，我们就丧失了独立思考的能力。

独立思考，不仅仅是像我在第三章中所讲的，要减少外部输入，它还意味着要让思考成为一种有意识的行为，并且在做调查研究**之前**先自行思考。同时，我们还要改掉一个学校教给我们的坏习惯，即一有问题就马上找别人要答案——我们要学着对自己的想法有好奇心。

好比说，你想知道好点子是从哪儿来的？先别急着马上打开谷歌，也别忙着去读相关的书籍，而是自己先想想看。在自己的头脑中搜索一番，挖掘相关的想法，简略地记下来。如果你把顺序搞反了，即先看书和资料，然后再思考，他人的观点就会对你产生过多影响。这就像星球之间的引力一样，当你被他人的轨道俘获，就无法达到逃逸速度。到最后，你自己的想法就只能围着你读来的东西转了。

向内探索时，最初的想法往往不是最好的。那些东西要么是你讲给自己听的故事，要么就是传统观念或世俗认知。所以，要忍住这种"浅尝辄止"的诱惑，继续深入下去。深入的思考需要时间。拿出足够长的时间，让自己专注地思考，唯有这样你才能潜得足够深，找到更好的看法。

绝大多数人不愿意花时间深入思考，是因为看不见即时的、实在的结果。你每处理掉一封邮件，"未读邮件"的数字就更接近零。可你思考了1分钟之后，什么也没发生——起码表面上看不出来。于是，绝大多数人还没跟自己的想法多共处一会儿，就连忙去抓取最便捷的消遣手段了。

"我没时间思考"这句话的真正意思是，"对我来说，思考不是最重要的事"。即便是在原创思想的价值毋庸多言的专业领域，深度思考的罕见程度也令人大跌眼镜。可是，肤浅的思考产生肤浅的看法，相随而来的就是糟糕的决策、错失的机会。突破性的创想不会诞生在会议间隙的闪念之中。

大众文化也是肤浅思考的推手。在解释突破性创想如何发生的时候，讲述人一般都会强调"灵光乍现"的时刻：充分成形的想法好像毫不费力地就蹦出来了。"苦思冥想很多天"的桥段拍成电视可不好看，"接下来，她又认真思考了一阵子"这样的句子读起来也不够激动人心。

顿悟是长时间的缓慢"焖烧"的产物。就像电影人大卫·林奇（David Lynch）说的，创意就像鱼，"如果你想抓小鱼，可以留在浅滩上。可是，如果你想抓到大鱼，就必须潜入更深的地方"。

潜入更深的地方，需要你持续不断地关注那个事情、想法或问题，大脑一有空闲，你就会去琢磨它。如果你的大脑阁楼中堆满了废品杂物，重要的创意会被其他东西挤到一边，没有自由伸展的必需空间。

经过独立的思考，在一个问题上潜得足够深入之后，你可以转头去阅读别人写的东西了。但是，也不要停止你的思考。看书的时候，我们往往不是主动的。我们透过作者的眼睛来看，而不是我们自己的。我们被动地吸收他们的观点，未经独立思考。结果，阅读沦为一种逃避。

边看边画重点,这是不够的。**作者的想法是什么?** 只提这个问题也还不够。你还需要这样问:**我的想法是什么?我同意哪些地方?不同意哪些?** 这段话是戈登·伍德写的,不等于它肯定就是对的,而且他的观点肯定也不是唯一的观点。此外,别光顾着画线,写点什么——随时在空白处记下你的想法,在想象中与作者展开对话。

阅读的目的不只是理解,而是把你读到的东西当作工具——一把开启你内在宝藏的钥匙。有些我在看书时想到的好主意跟那本书并不相关。读到的字句撬动了我心里已经存在的想法,令原先遮盖着它的东西松脱了。书页就像一面镜子,帮助我更清晰地看见自己的想法,也更清晰地看见我自己。

内心深处不是用来逃避现实的地方,而是用来发现现实的地方。

要产生突破性的创想,关键不在于吸收所有的外部智慧,而在于开启你的内在智慧。

自言自语的魔力

阿布拉卡达布拉(Abracadabra)。

这句"咒语"的意思是:我边说,边创造。

这就是关键——不只是在"施魔法"的时候,还包括无中生有、创造出从前不存在的事物的时候。

关于这个"边说边创造",我指的不是对别人说,而是对你自己说。自言自语是一种社会禁忌,只有小孩子和莎士比亚十四行诗里的角色可以自己跟自己对话。如果你去谷歌的搜索框里键入"自言自语预示着……",在一连串自动补充出来的后半句中,排在前列的就是"快要精神崩溃了"。

可事实恰好相反。在挖掘深层洞见的时候,自言自语极为关键。"并不是想法制造出了语言。其实,语言是一个创意过程,是它创造了想法。"文学研究者娜娜·阿里尔(Nana Ariel)这样写道。自言自语能帮助我们发现心中的想法,它为无形的念头赋予具体的形式,由此我们得以定位并找到本已存在的创想。

对许多爱思考的人来说,自言自语以自由书写的形式出现——也就是写下你的想法,但不以出版为目的。我们的脑海中充斥着不计其数、未经分类的想法,有些尚未成形,有些相互矛盾,还有许多压根就是错的。它们搅和在一起,乱成一锅粥,因为我们没有花时间去分门别类。

但当一个想法借助词语成形的时候,神奇的事情发生了。自由书写把你和你的直觉联系起来,在潜意识与意识之间打开了一条通道。它让你头脑的深层空间与手指直接相连。你的面前只有你的想法和一张白纸,没有其他任何地方可以去。于是,某种"自我实现"的进程开始了。你开始看见你是谁、你知道什么、你在想什么。这简直就像把头脑"劈开",然后退后一步,审视自己的想法。

通过自由地书写,你也开始自由地思考。潜意识中那条被管束着的大鱼突破了渔网,开始在脑海中畅游。你越是能够释放这些想法——把意识之流拓展得越宽越顺畅——它们就会源源不断,越来越多。

在写作人的圈子里,这种自由书写的练习被称作"晨间笔记"。这个词是朱莉娅·卡梅伦(Julia Cameron)在她的《唤醒创作力》(*The Artist's Way*)一书中提出来的。把自由书写变成早晨的练习——在你打开手机、开始污染自己的头脑之前——这确实很有价值。不过,晨间的笔记也可以变成"任何时间"的笔记。重要的是去做，而不是什么时候做。

在我的电脑上，有个文档是全天候打开的。一旦我想到了什么，就记在上面。关于新书的点子？记下来。让我昨晚夜不能寐的一个想法？写写看。这个文档永远处于未完成的状态，这让我的想法始终保持流动。没有哪一条是定稿，没有哪一条是完美的。一切都在发展之中。

开始写吧，不管想到什么都写下来。有些时候，脑海里没有任何有趣的想法浮现出来，或者想到的尽是些无甚意义的东西；但有些时候，出乎意料的好想法就那么凭空出现了。请记住：写这些东西不是为了出版，也不是为了赢得赞誉，而是为了发现自己的想法。

如果你觉得"让想法自由流动"这种事太吓人了，不知该从何处着手，那就试着加上一点结构。你可以给自由书写加一个具体的目标，稍微宽泛一点也没关系。问问自己，**我应该给新书起个什么名字？如何在我们的客户服务中添上轻松愉快的感觉？我的下一段职业生涯应该是什么样子的？**

为了让想法不受阻滞，顺畅流动，你需要做到两件事。

首先，只写给你自己一个人看。如果你担心这些想法可能会被别人看到，这个"游乐场"就不够安全了。你会感到拘谨，自我审查的系统也会运转起来，你还得花精力去对付这些问题。创造过程确实是尴尬的，不自在的。初具雏形的想法是非常脆弱的，如果过早地把它们曝光在人前——在它们还没开始绽放的时候——你可能会拔苗助长，某些新奇的或不够成熟的想法可能就被毁掉了。在后期，你会希望把创意与一群值得信赖的人分享（后文中会详细谈到这一点），但在现在这个阶段，就把这些想法当作"搏击俱乐部"①来对待吧，不必跟别人提起。

其次，必须对自己诚实。这话听起来容易，做起来难。刚开始自由书写的时候，我发觉自己在撒谎——对我自己撒谎。我会写一堆冠冕堂皇的话，为某个失误辩解，或是罗列一串精心挑拣过的事实，而不是揭示真相。

为了让创作展现出真实的自己，你自己首先得真实才行。面前的笔记本不是照片墙。真实地袒露自我吧，不完美又有什么关系。如果心中有疑虑，不要掩藏，看清它们。把想法在灯光下摊开，逐一检视。把念头"晾"到外面还有一个好处：这样它们就不会在内心蚕食你了。

自由书写的时候，你也留下了一份想法逐渐成形的历史记录。随着时间慢慢过去，散落的点串联起来，趋势慢慢显现出来。一个重复出现的负面想法，一门不断显现的内在功课，一个时不时就会冒头的、想写本书的念头（你正看的这本就是）——如果这些想法总是没人记录，无人问津，你就会无视它们。但是，如果它们在记录中一再出现，就会形成一种模式，令你很难忽视了。

创意不一定会在自由书写的过程中显现出来。但是，一旦你把"天线"竖了起来，开始借助自说自话来思考问题，深藏在潜意识中的顿悟就会在随机的时刻闪现灵光——就像魔法一样。

---

① 作者此处引用的是电影《搏击俱乐部》（*Fight Club*）的情节，这个俱乐部的宗旨是通过徒手搏击来发泄情绪，它的规则之一就是不允许和外人谈论它。

拖延的力量

我要坦白一件事：我是个拖延大师。

我要说的拖延，不是"为了不写书而去没完没了地擦桌子"那种（尽管在我更年轻、更脆弱的那些年，我干过不少这种事）。

我要说的，是把拖延当作策略，帮我获得突破性的创想。无论我做的具体事情是什么，这个策略都适用。

以下就是运用方法。着手做新项目的时候，我会尽快开始。以写书为例吧，我会把想法和案例迅速又简略地记下来——但凡是我已经想到的、跟主题相关的都算。把种子种下之后，我就走到一边等着，看它们会开出什么花来。我不会提前把每件事情都计划好，免得让思维变得僵化，浇灭了创造的可能。

这种等待看上去挺被动，但其实不是。当我启动一个项目，并在最初的聚焦阶段过后有意地暂停下来，此时我就启动了头脑中的创意工厂。即便在等待的时候，这个项目依然在我的潜意识中运作，在看不见的地方，想法正在酝酿。在这个过程中，想法与想法之间建立起新的联结，创想日渐成熟、完善，就像红酒在木桶中日臻圆熟。我离开浅滩，潜入大卫·林奇所说的、有大鱼游弋的深海。

聚焦在一件事上的时间太长，想法就会陷入停滞。所以，聚精会神一段时间后，就要放空一下。让你的思维自由地漫游一阵。别去刷社交媒体或处理邮件，从这些事情里你得不到休息。相反，看看窗外，去洗个澡，听听音乐，或做会儿冥想。

我高中的足球教练说过一句话，我特别喜欢：**要是你没在控球，**

就去站位。如果球不在你脚下，就赶紧跑到场上的合适位置——让你很有可能得到球的位置。这个原则同样可以运用在创意过程中。如果你一时还没有想法，那就挪个地方，鼓励思绪流动起来。我有个办法特别管用：离开我平常写作的房间——因为这个环境跟旧思考模式绑定在一起——换到家里另外的地方去写。地点的改变带来视角的转换，创造出一个空白的新空间。

散步也有帮助。研究发现，运动和认知同属一个脑区掌管，散步有助于提升创意。在一项研究中——名字起得非常聪明，叫作"让创意迈开腿"——斯坦福大学的研究人员把受试者分成两组，参加创意测试。测试前，其中一个小组要先坐一个小时，另一个小组则都去跑步机上走步。结果，走动的那一组的平均分比另一组高出60%。

名导演昆汀·塔伦蒂诺（Quentin Tarantino）的拖延方式之一是在泳池里漂着。写电影剧本的时候，他会在白天先写几个小时，然后跳进温水泳池。"我就在暖和的水里漂着，思考我刚写的那些东西，琢磨着怎么能弄得更好一点，那一幕结束前还能再发生点什么。"塔伦蒂诺这样说。然后，他从泳池里出来，把漂着的时候想到的点子记下来。这些点子会变成他第二天要写的东西。

在我自己的策略性拖延过程中，我会定期回到工作项目上，回顾它的主题和相关想法。我用这种方式让创作的环路始终保持开放。我还会有意识地去想法中挖掘新的闪光点，一旦想到就马上记下来。就像塔伦蒂诺的笔记一样，这些新想法犹如创意的堆肥处，为我的下一个写作阶段提供养料。我不会再死盯着空白的页面，不知道该从哪儿开始了。泳池不再是冷冰冰的，各种各样的点子已经把水变得温热，邀请我进去畅游。

当我启动一个项目，然后又有意退后几步的时候，还会发生一种有趣的现象：我变成了一块吸引创意的磁石。我开始在读到、看到和观察到的一切中，发现相关的东西。看似随机的事件、故事甚至是歌词，都能变成素材。但是，如果我不曾启动项目，就看不见这些"金块"之间的关联。

这是有意为之的拖延，而不是一时冲动的逃避。从项目旁暂时走开，是为了让它自由成长，而不是躲开工作。这意味着，到最后你还是要回到书桌前，把它完成。

聚焦与放空，漂浮与书写，循着这个节奏，创意逐渐聚沙成塔，显现出它的样貌。在项目刚开始的时候你曾经以为做不到的事，现在做成了。

集腋成裘，就是这个道理。

酝酿创意时，请内在的批评声音走开

卡尔·萨根是科学和理性的代言人。

可是，他的创意过程简直跟理性二字背道而驰。

在夜晚，他放任想法天马行空，自由驰骋。他会抽一根烟，然后开始自说自话，同时用一个录音机把自己说的东西录下来，免得忘了。次日早晨，他回放磁带，用更为挑剔和质疑的眼光来检视那些奔放的想法。

萨根的做法有点双重人格的味道。狂放的"夜晚自我"需要说服充满怀疑精神的"清晨自我"，证明自己没有发疯。因此，"夜晚萨根"会专门给"清晨萨根"录点什么，好驱除他的疑虑。比如说，他会背诵一些很难记的事实，因为在清醒的状态下，人才会有好记性。他背出来的那些东西基本上都准确无误。

当这个方法不管用的时候，萨根就会用上恫吓手段。在一段令人特别难忘的录音中，"夜晚萨根"叱骂"清晨萨根"，说他对自己的创意评判得太过头。"给我听好了，你个大清早的兔崽子！"他冲着录音机，对次日早晨的自己大吼，"这一切都是真的！"

你也能学习萨根的创意方法。它的精髓是，要把创意的产生过程与评估过程区分开——也就是你的"夜晚自我"与"清晨自我"。

在创意产生的阶段，你必须保护它不受……嗯，不受你自己的伤害。

在初始阶段，石破天惊的好创意往往显得"不合常理"。如果很合常理的话，早就有人想到了。不合常理，往往意味着它合理，却尚未变成现实；不合常理，往往意味着还没人尝试，或是人们对它非常陌生；不合常理，说明一个想法跟你关于"什么是合理"的现有标准相违背，但在很多情况下，有问题的不是那个想法，而是你的现有标准。

若是不加约束，你的内在评判会扼杀一切看似不合常理的想法，在有价值的创意还处于孵化期的时候就把它们无情碾压。而产生一个新创意可比扼杀一个不合常理的想法困难多了。

这个方法是有研究结果支持的。在一项研究中，研究者们在 6 位音乐家演奏爵士乐的时候，用功能性磁共振成像（fMRI）追踪他们的脑部活动状况。他们发现，在即兴演奏中，即音乐家创造新的音乐而非演奏旧曲子的时候，与评价和自我审查行为相关的脑区变得没那么活跃了。"能抑制自己的大脑，这项能力或许就是造就卓越的真正特质之一。"查尔斯·利姆（Charles Limb）说。他是研究者之一，本身也是一位受过训练的爵士音乐家。利姆的这个观点和百年前惠特曼的看法遥相呼应，后者把自己最精彩的诗作归功于这种能力："只要我想停止思考，就能做到；我可以让头脑'停转'。"

所以，当你酝酿创意时，请内在的批评声音走开，邀请你的内在小孩出来玩耍。不要审查、评估、批评。在你的头脑中，一切想法都是受欢迎的，不管它们有多么愚蠢、多么匪夷所思。你的目的是把它们存放在珍宝柜里，免遭评判，那个充满想象力的内在小孩会过来鼓捣一番，然后它们会自行发芽长大。

绝大多数人在创意刚刚萌芽的阶段，就把它们扼杀了。想法刚一产生，他们就迅速作出评判，看它是否有资格被放进珍宝柜里——比如它是否合理，能不能被做到。

这就好比在开车的时候一脚踩油门，另一只脚踩刹车。难怪你一步都动不了。你刚一准备加速，你内在的那个批评声就"啪"的一下踩住了刹车。**"那是个糟糕的想法！""你刚写的那个句子真不咋地。"**正如阿斯特罗·泰勒[①]所说，糟糕的想法"往往是精彩想法的堂兄弟，而伟大的想法是它的邻居"。

内在的批评声音——就像萨根的"清晨自我"——自有它的重要作用。当你从创意的萌发阶段走到评估阶段的时候，它就该派上用场了。但是，当你还在和各种想法自由嬉戏的时候，就把批评的声音挪到后座上吧，别让它碰刹车板。

说到底，创造并不是逼迫点子现身的过程。

[①] 阿斯特罗·泰勒（Astro Teller, 1970— ），创业家、科学家、作家，谷歌探月工厂X的负责人，被称为"探月队长"。

无论你有没有意识到,那条大鱼已经在你的潜意识深处游弋了。你只是需要把阻止它的障碍挪开。

跟随身体

> 我们用逻辑来证明,用直觉来发现。
> ——亨利·庞加莱(Henri Poincaré),
> 《科学与方法》(Science and Method)

嗖!砰!没打中。

这个循环一再上演。

当时,我在都柏林(Dublin)作主题演讲。附近一个农场里可以玩双向飞碟射击,我从没试过这个,所以决定玩玩看。黏土做成的靶子"嗖"的一声飞出来,我在脑海里计算速度和距离,然后在认为合适的时候扣下扳机。

然后没打中。每一次都是这样。

连续 10 次失败之后,教练看不过去了,他走过来,给我提了几句建议。此后,那些话一直在我心头萦绕。

"你想得太多了。"他说。

"我什么也没想啊。"我答。

"听身体的。"他说,"你的头脑在碍事。"

"我明白。"我说,但我一点也没明白。

"你的身体知道该做什么,"他重申道,"当你**感觉**是时候了,就扣扳机。去感觉,别**想**。"

我决定听从他的建议，试试看。我关闭了唠叨不停、忙于计算的头脑。黏土靶子飞出来之后，我定定神，当身体告诉我该打的时候，就扣动扳机。

完美命中。

这是一个我从没试过的新方法。几十年来，我一直以自己敏锐的头脑为傲。大脑显然是我身上最重要的器官，除了承载着头脑到处走，以及为思维提供燃料，让它去做最擅长的事——思考——之外，我的身体没有其他用处。

那位教练的话把我猛然拽出了这个传统的操作模式。那天离开农场之后，我一直在思索：在我的人生中，发生过多少次类似的情况？也就是说，我的身体知道该做什么，可头脑却挡着路，让我偏离了方向。

我想起有一次，我的直觉在尖叫，**这个人有点可疑，别跟他合作！**可在列了一张利弊对照表之后，我无视了自己的直觉。结果，那次的共事糟透了。

我想起有次面试，在内心深处我知道那个候选人并不合适，但我还是录用了他，因为他的简历看起来漂亮极了。结果那段工作关系糟透了。

我想起以前的感情经历，那时我明知应该跟女友分手，可还是继续下去了，因为我觉得我应该能修复一些问题。这样反而人为地拖长了早该结束的感情。

你大概也有类似的经历吧。在**内心深处**，你知道那件事是对的。或者，在心底**某个地方**，你感到不对劲，可你没法用理性解释。飞行员把这种感觉叫作 leemers，即"你模糊地感觉到有些地方不对劲，尽管你也说不清楚为什么"。在飞行训练中，他们需要练习如何觉察到 leemers，而不是忽视它们。

关于你的身体，有一个真相：它很古老。从进化的角度来看，身体可以追溯到几亿年前，而大脑却年轻得多。大脑是个了不起的机器，可它的经验有限。你的身体涵容着全部远古的智慧，等待你去发现。

可是，我们却经常把这种智慧遮蔽起来——我们不断地把注意力从身体上移开，转向各种电子表格、通知和邮件。我们与身体失联得太久，以至于听不见它发出的信号，甚至在它高声尖叫时也不以为意。如今有种健康问题叫作"邮件暂停呼吸综合征"：越来越多的人习惯于在处理电邮或打字的时候屏住呼吸。

关注身体不等于忽视头脑。它指的是，要把思考视作一项全身心的活动，而不仅仅局限于大脑中；它指的是，要多留心去观察身体发来的信号——情绪、感觉，以及从内心深处传来的直觉。

在生活中，如果你总是打不中飞来的"靶子"，那很可能是因为头脑在挡道。让思维与身体合一，静待更神奇的事情发生吧。

伟大的头脑不独自思考

1665 年，当黑死病侵袭英格兰的时候，许多人避到了乡村。其中有一位年轻的学者，名叫艾萨克·牛顿（Isaac Newton）。据说在隔离期间，牛顿发明了微积分，提出了引力理论，还发现了运动定律（在一份没那么光鲜的记录中，他还曾经拿一根针插进自己的眼睛里，试图搞懂透镜的工作原理）。

在新冠病毒肆虐期间，这个故事作为"孤绝的力量"的明证，迅速传播开来。它想传达的信息很明确：如果牛顿可以在瘟疫期间改变世界，那你是不是也可以打起精神来？起码考虑一下，别整天裹着睡衣狂刷网上那些丧气消息，干点别的不好吗？

然而，事实真相比广为流传的故事更复杂。没错，牛顿确实在隔离期间提出了引力理论，可是由于去不了图书馆，他把等式中的一个常量搞错了。于是他认为这个理论不成立，把笔记塞进了抽屉里。时隔好几年后，他把笔记翻出来拿给一个朋友看，结果这位朋友发现了错误。在通力合作下，加之图书馆也能用了，两人改正了公式中的数学错误，完善了理论。人多智广啊。

我们这个社会疯狂地迷恋孤独的天才，推崇英雄之旅——亚历山大·汉密尔顿（Alexander Hamilton）、艾萨克·牛顿、史蒂夫·乔布斯、埃隆·马斯克。在流行文化中，一个超级明星——往往是个男性——被推到前台，这些东西让我们相信，他们单枪匹马地解决了全部问题，把才气横溢的答案送给了这个不知感恩的世界。他们的成就犹如百老汇音乐剧《汉密尔顿》（Hamilton）的门票，令绝大多数人可望而不可即。孤独天才的故事里——更准确地说，应该是神话里——没有给默默无闻的合作者们留出位置，可是正是在他们的帮助之下，天才的成就才成为可能。

最出色的创造力不会萌发于全然的孤绝之境。即便你聪明如牛顿，有一件事情是你做不到的，那就是看见你看不见的东西——位于你盲点上的东西。这往往需要别人——他们跟你有不一样的人生体验和观点——的眼睛来发现被你忽视的可能性，指出你在常量上犯的错误。从文艺复兴时期的意大利到施乐的PARC，再到谷歌母公司Alphabet的"探月"工厂即X实验室，具备不同个性和才华的人聚在一起，才能激发出火花，击败平庸的想法，产生突破性的创想。

由于别人没有住在我们自行修建的囚室里,所以他们看得见铁条在限制我们的思维。我们头脑中的偏见和假设就像哈哈镜,会扭曲现实,而别人没有这些,因此他们可以帮助我们更加清晰地看见自己、发现内在的智慧。

你可以组建一个专属于你的智囊团。寻找跟你价值观相同而不是想法相同的人。我在决定选谁进入这个小圈子的时候,会问自己以下问题:**这个人坦诚透明吗?他们喜欢潜入深水抓大鱼,而不是留在浅滩扯闲篇吗?他们会认真听我说,而不是评判我或嘲笑我吗?他们会跟我坦诚地分享反馈意见,帮我改进吗?**

你的智囊团就是你的镜子。有时,帮助其他人解决问题的时候,你反而给自己的问题找到了最佳答案。你帮别人构思的创意会解锁你心中的创意。你给别人提的建议往往也正是你需要遵从的。这种镜像效应正是嗜酒者互诫协会(Alcoholics Anonymous)让老会员带新会员的原因之一——这个系统对新老会员都有帮助。

想要让思维变得更清晰,除了借助智囊团的力量,你还可以尝试下面这几个思维实验。想象一下,在你面前摆把椅子,然后邀请"90岁的你"坐下来。仔细地观察"90岁的你"的样貌——灰白的头发,满是皱纹的双手,还有那额外几十年的智慧。问问年老的你:**你会给我怎样的建议?在这种情况下,你会怎么做?**

类似地,你还可以想象,你最好的朋友正面临着和你一样的难题。问问你自己:**我会给我最好的朋友提什么建议?**然后听取你自己的建议。

这些思维实验能帮你跳出自己的偏见,但它们无法取代与他人的真实互动。文艺复兴时期最优秀的艺术家们为何都汇集到了佛罗伦萨

（Florence）？这是有原因的。牛顿为何需要朋友的建言来完成理论？也是有原因的。牛顿那句名言不是说了吗："如果说我看得比别人更远，那是因为我站在巨人的肩膀上。"

寻找或创建你自己的佛罗伦萨——由思维方式不同的人组成的、专属于你的智囊团。他们可以帮助你发现深水中游弋的大鱼。

伟大的头脑欢迎异议

想象法庭上的场景。有控方律师、陪审团，还有法官。

控方律师提交了令人信服的证据，雄辩地证明罪行的存在。

被告没有律师。他甚至没有权利为自己辩护。当控方律师清晰地描绘他的罪行时，他只能默默地坐着。于是陪审团被控方律师的论证说服了，一致投票通过，被告罪行成立。

在绝大多数民主体系中，这个场景都是违宪的。正常情况下，被告拥有辩护的权利。

可是，在世界各地的组织中，这样的场景却频繁出现。

新想法被提出来了，但在场的只有一个团队，发出一边倒的声音："我们应该推行这个营销策略。""我们应该实施这项新服务。""我们应该并购这家有前景的创业公司。"

团队做过了调查，拥有看上去很有说服力的数据，还做了花哨的演示文档来说明 A 决策必然会导致 B 成果。没有人提出不同的观点，或是指出其中的微妙之处和不确定性，来把水搅浑。即便团队中有辩护律师这样的角色，也往往被迫站队，必须在诚实和忠实之间作出选择。他们于是戴上控方律师的帽子，把自己伪装起来，说着别人想听的话。

确证偏误往往看上去很像科学性的数据收集,可是我们并不会去寻找那些能驳斥假设的数据,而是去有意寻找支持。我们搜集那些能够支持己方观点的数据;我们扭曲事实、操纵审判,好让自己胜出——往往是在无意识的情况下。

矛盾的是,你越是聪明,就越容易这样干。你会更加擅长寻找证据、作出论证,来支持自己的看法。"第一原则就是,你绝对不可以欺骗自己,而你正是那个最容易上当受骗的人。"理查德·费曼这样提醒我们。

网飞就遇到过这样的情况。2011年,公司决定推出快斯特(Qwikster)——事后证明,这是一项短命的服务。用网飞CEO里德·哈斯廷斯(Reed Hastings)的话说,这是"网飞历史上最大的错误"。宣布这项服务之前,网飞的流媒体与DVD租赁业务是合在一起的。哈斯廷斯看到了预兆——DVD很快就会过时——因此决定把网飞的DVD租赁业务单拎出来,成立一家名叫Qwikster的独立公司。这个计划会让网飞把精力聚焦在流媒体这个未来业务上,免得受过往历史的拖累。

决定宣布之后,引发了企业史上最激烈的顾客抗议风潮。"我们的新模式不仅变贵了,"哈斯廷斯这样写道,"还意味着,顾客必须要管理两个网站、两套订阅账号。"结果就是,网飞流失了百万计的订阅用户,股价狂跌了75%以上。哈斯廷斯颜面尽失。他把推出Qwikster的决定称为"我职业生涯的最低点",就连《周六夜现场》节目也拿他开涮。

令他颜面尽失的部分原因是,尽管网飞不断强调透明有多么重要,但反对的声音总是不受欢迎的。在 Qwikster 事件中,"辩护律师"显然没有在场。虽然对那个决定疑虑重重,他们依然保持了沉默。网飞的一个副总裁告诉哈斯廷斯:"当你确信一件事情的时候,是如此坚定……所以我觉得你听不见我的话。我本该躺到路当中高声尖叫,告诉你,我觉得这事成不了。可我没有。"

这场失败过后,网飞决定推行"积极鼓励反对意见"的企业文化。公司上下采用了多种手段,确保在重大决定作出之前,大家可以公开提出异议。例如,网飞员工在交提案之前,会分发一份表格,请同事们为这个想法按照 -10 到 +10 打分,并发表评论意见。这并不是投票,而是让人更容易收集到反馈,并衡量异议的激烈程度,开展坦诚的交流。"默不作声的不同意,就等于不忠。"转变后的哈斯廷斯如是说。

电影导演迈克·尼克尔斯(Mike Nichols)也有类似的办法。曾与他合作过数部影片的梅丽尔·斯特里普(Meryl Streep)说,尼克尔斯会听取片场任何人的想法。"他不会感到受威胁,可很多很多导演会——你跟他们说点什么之后,就能看到他们紧绷了起来。"尼克尔斯会用提问来主动发掘异议。"'死鲸鱼在哪?'这句话的意思是,这场戏肯定有什么地方不对头,把整个房间都弄得臭烘烘的,却没人敢说。所以,问题在哪?"

相同的声音会创造出"回音室"。从想法跟你一模一样的人身上,你学不到任何东西。可是,我们喜欢让身边围满自己的"思维克隆体"。我们结交与我们想法相同的朋友,我们雇用成长道路与我们类似的员工。这就好比把两面镜子对放在一起,相互映照,直至无穷无尽。

我们不应回避思维上的分歧。如果提出异议是为了改进结果,那么就该敞开胸怀去欢迎它。如果大家都能自由地独立思考,并且能自由地指出房间里的"死鲸鱼"在哪儿,你就不大可能创造出"回音室"了。一个截然相反的观点,哪怕到最后被证明是错的,也能削弱过度的自信,为一边倒的交流注入微妙的因素。

作出任何重大决定之前,问问自己,**"对方律师"在场吗?** 如果在,允许他们提出异议。如果不在,积极主动地找一个这样的人(**谁不同意我的看法**)。如果你身边尽是看法跟你相同的人,把这当作警示信号吧。这意味着,他们要么对你不诚实,要么就没进行批判性思考。

总之,别再搜寻支持了。开始培育异议吧。

第七章 释放玩耍的力量

我们不是因为变老才停止玩耍,我们是因为停止玩耍才变老。

——佚名

刻意练习不是万能的

彼得对电吉他感到厌倦了。

他所在的乐队已经巡回演出了 10 年。他们是从美国南部一座小小的大学城走出来的,是一支相当不错的独立乐队,但从没做出过热门金曲。他们干的事儿总是一成不变——包括彼得在内。他拿着相同的乐器,弹奏相同的旋律,每天 8 小时。

有一天他一时兴起,放下了吉他,拿起一把曼陀林。他从没弹过这个。曼陀林的和弦跟吉他完全不一样,他必须改过来。他搭建了一个音乐的"沙盘",尽情地尝试全新的音阶,练习全新的和弦,创作全新的重复乐段……全都带着玩耍的心态,就像个好奇的孩子一样。

乐队成员们都加入进来了。贝斯手玩起了键盘,鼓手拿起了贝斯,主唱写的歌词一般都跟政治话题有关，现在他也开始尝试其他主题了。

在一次乐队排练中，彼得在曼陀林上即兴弹出了一段旋律，他被打动了，其他几位成员也很喜欢。鼓手和贝斯手加入进来，为这段旋律添上了更加迷人的魅力。

最后加入的选手是主唱迈克尔。乐队在弹奏这段新旋律的时候，他拿起录音笔，开始在房间里来回走动，仿佛进入了冥想状态。歌词缓缓地从他口中吟出。

哦，生命多辽阔

比你辽阔得多

而你不是我。

即兴创作歌词的时候，迈克尔心里并没有什么预先的想法。他没有一边琢磨歌词一边想：**这就是我今天要写的歌**。对他来说，这是个好预兆。歌词"就那么流淌出来了"，后来他这样解释道。

在这段欢乐的嬉闹时光中，一支大热金曲诞生了。收录了这首歌的专辑打入了排行榜，售出了 1800 万张，为乐队拿下了三座格莱美奖杯。

你大概已经猜到了，这首歌就是《失去信仰》（*Losing My Religion*），乐队的名字叫作 R.E.M.。

在这个创作故事中，成功的秘诀就是乐队把玩耍融入了练习之中。

你或许听说过刻意练习这个概念吧。它的目标就是，在练习的时候要带着清醒的意识，即时获得反馈，改掉不对的地方，随着时间不断改进和迭代。

要磨砺那种重复性的特定技能，刻意练习是非常棒的方法。比如高尔夫的挥杆动作、在吉他上准确地弹出音符、下象棋时摆出漂亮的开局。你不断地演练同一个挥杆动作、同一段旋律、同一个开局，直到娴熟地掌握。

常言说得好，熟能生巧。但问题就出在这儿。

通过一次次的重复练习，我们把一件事练得至臻完美。我们在电吉他上弹奏相同类型的曲子，在市场上推出相同类型的营销活动。我们只沿着熟稔的路径探索，避开那些不会玩的球赛。结果就是，我们陷于停滞。我们接不住宇宙抛过来的弧线球，发现不了新机会。

在一项研究中，研究人员对所有关于"刻意练习与出色表现之间的关系"的研究资料进行了梳理和分析。在刻意练习能解释的领域中，音乐占比21%，体育运动占比18%；但是，销售和电脑编程这些行业只占了1%不到。

这些专业领域，就像其他很多领域一样，都充满了持续不断的变化。正当我们自以为娴熟地掌握了比赛的精髓——当我们自以为把一切都搞明白了——规则和边界却发生了变化。我们还坚持着昨天的打法、昨天的规则，可身边的世界已经改变，甚至连我们自己都已经改变了。

在练习中，你只会得到两种结果：你的做法要么是对的，要么是错的。

但玩耍中没有对与错。过程远比结果重要得多。我们滑雪，不是为了尽快到达谷底，而是为了享受滑雪的乐趣；我们拿起曼陀林，不是为了写出下一首热门金曲，而是为了体验拨弄琴弦的快乐；我们丢出玩具让狗子叼回来，不是为了赢得叼玩具大赛，而纯粹是为了玩乐。玩耍本身就是回报。

练习能把一项技能磨砺得圆熟，但玩耍能让你获得各种各样的技能。玩耍不像旅程，有着既定的目的地，它是一场未知的探险，没有脚本，没有操作手册。你放松而自由，任凭内心的风为你指引方向。

如果说练习是演出，那么玩耍就是即兴创作。玩耍的时候，你让潜意识接管一切。你大胆地探索新的道路，而在平时，那个审慎的你一般会避开它们。你把平日里束缚你的规则和限制暂时搁在一边。你超越了头脑中惯常的神经通路，创造出之前不曾有过的新联结。

在玩耍中扰乱你的旧模式，能让旧模式显现出来。在你放下吉他、拿起曼陀林的那一刻，你将变量引入了惯有的模式之中。你在矩阵中创造出了一个干扰波，矩阵因此现出真身。这个干扰波把你从固有的存在状态中一把猛拽出来。

玩耍还能让你把内在的评判声放在一边，成为真正的自己。这就是为什么在假期的家庭聚会中，摆出桌游一起玩的时候，平日里默不作声的年长亲戚们一下子变得外向起来。你们可以唱歌、跳舞、即兴创作、乱涂乱画——这些都是平时的你会觉得尴尬无比、十分无厘头的行为。

要想解锁你的全部潜能，往往需要你跳开那些惯常的练习，而不是进一步巩固它们。

它需要你培育"开放"，而不是只会聚焦。

它需要你追求多样化：你做的事，你读的书，你与之交流的人。

它需要玩耍，而不是只会机械地运用。

只工作，不玩耍

"工作的时候，就要有工作的样子。"亨利·福特（Henry

Ford）在自传中写道，"工作干完之后可以玩乐，但不能反过来。"福特汽车严格遵循这条准则。在20世纪30年代和40年代，如果你在工作的时候笑了，会被认为是不守规矩，需要加以管束。

不单是福特汽车这样做，这是工业时代的主流意识形态。玩乐和干正经工作是对立的——"工作和玩乐应该严格区分开"的观念正源自这里。玩乐会影响生产力，会让装配线上的工人分心，会拖慢生产速度。

如今，我们不会因为有人在开会时讲了个笑话而惩罚他，但在工作场所玩乐还是极其不妥的。如果某件事没有明显的用处——如果各种手册或规程上没写着这事——我们就会认为此事不合时宜，因为在工作中一刻也不应浪费。"工作的时候拼命干，玩的时候尽情玩"，这种心态实际上是在强化福特时代的信条——工作和玩乐发生在不同的时段，应该分得一清二楚。

玩乐不是逃离工作，也不是工作后的奖赏。它是更好的工作方式。"掌握了生活艺术之真谛的人，不会把以下概念分得泾渭分明：工作与玩乐，正事与闲暇，头脑和身体，学习和消遣。"作家L. P. 杰克斯（L. P. Jacks）写道，"他也分不清哪个是哪个。他只是通过正在做的事——无论这事情是什么——来追求心目中的卓越境界，任由旁人去决定他究竟是在工作还是在玩乐。在他看来，这两样事总是同时发生的。"

在《清单革命》（*The Checklist Manifesto*）一书中，外科医生阿图·葛文德（Atul Gawande）阐述了清单的重要性。一张清单可以指导专家们完成复杂流程中的各个步骤。它可以确保手术准确无误地执行，飞机做好起航的准备，摩天大楼安全地拔地而起。

当人们需要按照结构化的、按部就班的方式，每次都重复同一套动作的时候，清单是至关重要的。它能确保人们不会在压力之下漏掉某个步骤或犯错。

可是，如果你的目标不是执行某个想法，而是要创造出想法呢？如果你不想重复之前做过的事情，而是要想象未来呢？在这种情况下，清单就不管用了，因为它是一种事后的、对经验的总结，告诉你事情"**应该**"怎么做。而此时你需要的是前瞻，是开启所有的可能性，看看事情"**可能**"会是什么样子。

没有玩乐权利的员工是没有原创性的。想象力不是汽车零件，在发挥创造性的时候，没有所谓的"七步法"可遵循。处于自动驾驶模式、被既定的规则和边界限制住的时候，你没法想出新点子。如果你不停地重复做着相同的日常事项，就无法发现周围的可能性。如果你不享受正在做的事，就不可能达到这个领域的最高水准。

只工作，不玩耍，聪明孩子确实会变傻。

研究发现，玩耍是创造力的催化剂。看过一个 5 分钟的滑稽短片之后，人们在做词语联想时变得更有原创性，还会把看似毫无关联的概念整合起来。在另一项研究中，受试者们在看过同一个滑稽短片之后，解决问题的能力提高了。

研究者解释道，"日常小事"也能起到同样作用。在工作的日子里加入一点点玩乐，会产生显著的效果。开会前放一段搞笑短片，用一个小游戏当作头脑风暴会的开场，让大家换上玩乐的轻松心态；运用幽默来缓解工作场合的紧张感。

写作累了的时候，我就到我家后院玩一会儿蹦床。我跟狗子们玩拔河。我的内在小孩爱极了这些。我越是跟他站在一边，工作起来就越有创意。

发觉自己卡壳的时候,我就找一个很有玩心的作者的书或文章来看。看着他们在字里行间嬉戏,我也获得了玩乐的许可。由于在别人身上看见了自己的影子,我的内在小孩也恢复了活力。

象征物也有用。心理医生诊室的茶几上会摆一盒纸巾,这让咨询客户感到可以尽情抒发心中的郁积。同样地,一个象征性的物品能提醒人们"出来玩":皮克斯的动画师们在小木屋里工作;丹·布朗(Dan Brown)的系列小说中的主人公罗伯特·兰登[①]戴一只米老鼠腕表,虽然它孩子气的外表经常招致路人侧目,但这块手表能提醒兰登要有玩心;我的桌子上一直摆着电影《回到未来》(*Back to the Future*)的角色玩偶,这是我最喜欢的电影之一。马蒂(Marty)、博士,还有小狗"爱因斯坦",这些小玩意都在提醒我,要带着轻松嬉乐的心态面对工作。

你或许在想,我的工作太复杂、太严肃、太……,总之不适合玩乐。

再想想。

太空飞行够严肃认真了吧。一步踏错,一个数字算错,就会遭遇最坏的情况。正是因为这一点,宇航员玩得比其他任何行业都多。等到一位宇航员坐到火箭上的时候,她已经经历了数年的训练,在模拟器中"玩"过了成千上万次的失败情景。

这些模拟不只是刻意练习——训练宇航员们按照同样的流程来处理在太空中可能遇到的问题。太空是一个极其不确定的环境。在许多情况下,宇宙会向他们抛来见都没见过的弧线球。

---

① 罗伯特·兰登(Robert Langdon)是丹·布朗系列小说《天使与魔鬼》《达·芬奇密码》《失落的秘符》《地狱》《本源》等中的主要人物,中年美国学者。

训练的目的是让宇航员能像玩一样，从容应对这种不确定的状况。就像宇航员梅根·麦克阿瑟（Megan McArthur）解释的那样，目的是"让你变得强大"，向自己证明"当某些真的很糟糕的情况发生时，你也有能力工作"。这让宇航员们更有韧性，让他们拥有必备的技能和灵活性来应对棘手的太空环境中可能出现的任何问题。

所以，不是说当风险低的时候你就可以玩。而是说，当风险很高的时候，你**必须**玩。

但是，我的意思不是要创造一个自由放任的企业文化，也不是号召大家都别干正经工作了，都疯玩去吧。真正的目标在于，你要有充分的意识，什么时候切换到玩乐模式，什么时候再切换回来。当我们要构思新创意、寻找不同的解决办法时，玩乐最有帮助。但到了执行的时候，就要更加严肃认真才行。

R.E.M. 乐队在创作《失去信仰》的时候正是这么做的。在写歌词和曲子的时候，每个乐队成员玩的都是新乐器，但到了执行的时候——录歌的时候——他们就都换回了自己的老本行。

现在轮到你了：你打算如何把更多玩乐融入工作当中？当你构思新想法的时候，有哪些游戏可以玩？在接下来的内容中，我会给你一些灵感，助你起步。

追随好奇心的脚步

爱妻辞世后，物理学家理查德·费曼陷入了深深的抑郁。他发现自己无心从事研究工作了。所以，他告诉自己，干脆就跟物理学"玩"一阵子吧——不追求马上见到实际结果，只为了享受物理学的乐趣。

当时他在康奈尔大学任教。有一天他正在咖啡厅里吃饭，看见有人"闲得慌"，把一个盘子抛向了空中。"盘子飞上去的时候在摆动，我发现，盘子上的红色康奈尔校徽也在晃。"他解释道，"在我看来，校徽晃动的速度显然比盘子快。"

纯粹是为了好玩，他决定计算一下旋转的盘子的运动状况。他把自己的发现讲给同事汉斯·贝特（Hans Bethe）听——贝特是一位核物理学家，后来也得了诺贝尔奖。

贝特说："费曼，这挺有意思，可有什么用呢？你干吗要算这个？"

"哈！"费曼回答，"没什么用处，纯粹为了好玩。"

贝特的反应没有令他气馁。费曼继续演算盘子的运动方程去了。

这个现象，引发了他思考相对论中电子轨道的运动方式。

而这个思考，引发了他去钻研量子动力学。

结果就是，他因此获得了1965年的诺贝尔物理学奖。

费曼说："我能得诺贝尔奖，都是因为那个晃来晃去的盘子啊。"

如果他为了追求"高产"，没去搭理那个晃来晃去的盘子，没准就得不了诺贝尔奖了。

杰出的思想者不是为了明显的用处而追求知识的。他们为了探索而探索。他们在计算盘子的旋转速度时，也不知道有朝一日会得诺贝尔奖；他们在阅读经济学和地质学的教科书时，也不知道那些心得会在日后帮他们构建起进化的理论框架——就像查尔斯·达尔文（Charles Darwin）所做的那样。他们追随着自己对植物学的兴趣，并不知道这些东西以后会变成《纽约时报》畅销书——就像伊丽莎白・吉尔伯特①所做的那样。

在人生中腾出点空间来，做一点不问结果、只为乐趣的事。如果你觉得法语很好听，就去学学法语。如果你喜欢做手工，就像黛米·摩尔（Demi Moore）演的电影里那样，找个陶艺拉坯机试一试。②如果你对物理学感到好奇，找个星期天，看看费曼的演讲。

如果你不断地做"高产"的事，就会陷在熟悉的事物中。

想要寻获陌生的洞见，就要追随好奇心的脚步，去往陌生的地方。

解决别人的问题

《办公室》是我最喜欢的喜剧之一。这部电视剧多达200多集，编剧们能一直有干劲，总能拿出好创意来，可真是不容易。不可避免地陷入创作低潮的时候，编剧们会做一件非比寻常的事。

他们会放下《办公室》不写，转头去玩游戏——去给"隔壁"剧组写本子。

他们开始假装给《明星伙伴》（*Entourage*）写剧本。这个系列喜剧讲的是电影明星文森特·蔡斯（Vincent Chase）和一帮好朋友的故事。"假剧本"只有一个规则：每集末尾，必须以蔡斯拿到奥斯卡最佳男演员奖而结束。

"安全护栏"就位了，《办公室》的编剧们就开始疯玩。这就是他们放下电吉他、拿起曼陀林的方式。

---

① 伊丽莎白·吉尔伯特（Elizabeth Gilbert，1969— ），美国作家，此处指的是她的小说《万物的签名》（*The Signature of All Things*）。

② 指电影《人鬼情未了》里著名的夫妻俩共同做陶艺的场景。

《明星伙伴》不是他们的"亲生孩子"——关键就在这儿。反正也没什么风险,于是他们就可以尽情地抛出看似荒谬的创意。结构对不对,场景好不好笑,都没关系。他们放下条条框框,尽情玩乐。

乍一看,这简直是对时间的巨大浪费。为什么要拿出宝贵的时间去写别人家的剧集?而且是永远不会真拿去拍的那种?

但是,还真有掌管工作的精灵——准确点说,是掌管玩乐的精灵才对。

在没有风险的情况下给《明星伙伴》写假剧本,这点燃了编剧们的创意,让他们换上轻松嬉乐的心态,而这种心态会帮助他们更好地创作《办公室》。一旦回到自己的剧集中,他们会带着焕然一新的能量和新鲜的视角来看待它。散落的拼图突然间各就各位了。

玩耍之所以能提升创造力,部分原因是它能减轻我们对失败的恐惧。就算你失败了——即便你写的那集《明星伙伴》烂得很——也不会有什么后果。这种安全感会让内在的评判声偃旗息鼓,堵住想象力的往往正是这种评判的声音。

下一次开营销会议的时候,或许你可以先让大家花 15 分钟时间,给竞争对手的产品设计个营销方案;如果你常写非虚构作品,那就拟个小说大纲试试看;从头开始,给你最好的朋友做一个全新的职业生涯规划。

你可以把这些思维实验看作运动前的热身,如果你跳过热身阶段直接去快速跑或举铁,那么身体肯定进入不了最佳状态。在创意中也是一样。先用一件低风险的小事热热身,然后再进入重要的主题。

你也可以试试英特尔(Intel)前总裁安迪·葛洛夫(Andy Grove)掌管公司时的做法。当时,英特尔正陷于一成不变的僵滞状态。基于存储芯片业务的成功，公司已经成为行业巨头。然而到了20世纪80年代早期，英特尔在市场上的统领地位遭到了竞争对手的挑战——日本造出了质量更好的芯片。1978年到1988年间，来自日本的竞争对手在芯片市场上的份额翻了番，从30%涨到了60%。

身为总裁，葛洛夫必须作出决定：英特尔是应该在存储芯片上双倍下注，建造更大的工厂，在产量上超越对手呢？还是应该砍掉芯片业务，转移到微处理器领域去？微处理器是个很有前景的产品，英特尔已经开始生产了。可是，正是存储芯片把英特尔带到了现在的地位，历史的重量还有公司的身份，都与它牢牢地绑在一起。

1985年的一天，葛洛夫与英特尔CEO戈登·摩尔（Gordon Moore）谈起这个难题。葛洛夫没去衡量利弊，也没有拉出白板来写写画画，而是决定玩个游戏。他问摩尔："如果咱俩被踢了出去，董事会找了个新CEO来，你觉得他会做什么？"

两人走出门去，然后假装成继任者走进来。这么一来，自己的问题变成了别人的问题。这个满含玩心的扮演举动让小我松弛下来，也让信念中的历史包袱变得没那么沉重。它带来了距离，而距离带来了清晰。

于是，他们决定放弃芯片业务，带领英特尔进军微处理器领域。公司最终成了那个市场的主导力量。

这个案例揭示的经验很简单：有时候，为自己的问题找到解决方案的最佳方法，就是解决别人的问题——先放下《办公室》的剧本，拿起《明星伙伴》；或是放下吉他，拿起曼陀林。

给办公室改个名字

我家有个房间,自从搬进去那天,我就把它叫作"家庭办公室"。之所以这样叫,也没有什么更好的原因,工作的地方不就应该叫作办公室吗?

可在我心目中,办公室是好创意泯灭的地方。一说办公室,就会想到一排排的格子间、饮水机旁烦人的闲聊、人身攻击、剩了半杯的恶心咖啡,还有让人头疼的荧光灯。

换句话说,创造性讨厌办公室。

所以,我给那个房间改了名字:我不再叫它办公室,而是把它命名为"创意实验室"。创意实验室是创新想法诞生的地方,是做实验的地方,是做白日梦的地方。我热爱我的创意实验室(我讨厌办公室)。

你可能会想:不就是个名字吗,有什么大不了的?谁会在意一个房间叫什么名字?

名字的重要性远超你的想象。这叫作促发效应。单是看到一个词语或一幅图片,都能对你的想法产生强有力的影响。需要重新命名的,远不止办公室而已。

别再说"进度汇报会"了。改一个能唤起大家的热情和行动力的名字,比如"愿景实验室""协作洞穴""创意孵化器"。

别再用"资深运营总监"这种头衔,换成"为探月计划与现实世界接触做准备的负责人"。这个头衔可是真的。我的朋友奥比·费尔滕(Obi Felten)在Alphabet的"探月"工厂,即X实验室里工作的时候,担任的就是这个职位。

别再用"待办事项清单"这个叫法。一听到这个词,我就想能跑多快就跑多快,能躲多远就躲多远。叫它"游戏清单"或"设计清单"——一个能让你开心起来、调动你积极性的名字。

别再把雇员称作"员工"。"员工"二字加强了自上而下的官僚体系的感觉,在这种体系中,员工犹如机器上的齿轮,由老板下达指令,告诉员工该做什么。不如换个方式,采用 Brasilata——这是巴西一家位于创新前沿的罐子包装制造企业——的做法。Brasilata 没有"员工",只有"发明家"——每一名雇员都有这个头衔。加入公司的时候,"发明家"们要签订"创新合同"。之后,公司会积极鼓励员工们——不好意思,应该叫"发明家"们——在工作中充分发挥主人翁精神,提交原创的好点子。用这种方式,Brasilata 让"发明家"的头衔变得名副其实。

想得到标新立异的结果,就选一个标新立异的名字。找一个专属于你的、能点燃你的想象力、激发你的热情和动力的名字。

你可以躲在角落里。

你也可以走到聚光灯下。

来尽情地玩这场生命的游戏吧。

第八章　大胆创造

丹尼尔：我怎么知道我想出来的画面对不对？

宫城先生：如果它发自你的内心，就肯定是对的。

——电影《龙威小子》（*The Karate Kid*）

自己写一个

斯蒂芬·金（Stephen King）的成功秘密有两个：麻疹和漫画书。

6岁的斯蒂芬没能去上一年级，而是在家里躺了9个月。他先是得了麻疹，然后耳朵和喉咙反复地出问题。

为了找点好玩的事干，他开始看漫画书——一摞一摞地看，有时候还会照着书一幅一幅地描。但他不只是照抄，而是加入自己的东西：他会修改故事，添上自己的想法，反转情节和故事线。

小斯蒂芬有一次把这种半是照抄、半是创作的漫画拿给妈妈看。她非常惊喜，问这些故事是不是他自己写的。斯蒂芬说不是，绝大部分是从书里抄来的。

"自己写一个呀,斯蒂芬。"她说。"我敢肯定你能写得更好。自己写一个。"

"我记得,这个想法让我感到了无穷的可能性。"斯蒂芬·金回忆道,"就好像我被推进了一个巨大无比的楼里,里面到处都是关着的门,而我想推开哪扇,就可以推开哪扇。"小斯蒂芬听取了妈妈的建议,自己写了一个故事。后来他又写了一个。一个接着一个。

他出版了 50 多部作品,总销量超过 3.5 亿册。

开启了斯蒂芬·金的写作生涯的,是母亲的一个看似简单的观点:创造比摄入更有价值。

我们说起信息的方式,跟谈论食物没什么两样。我们关注的是,如何能多摄入一点,如何能更快地消化吸收。当我们忙着把更多外在的信息填塞下去的时候,就忽略了体内已经有了的营养。高分贝的声音源源不断地涌入我们的耳鼓,而内在的智慧金块被挤到了一边。学习往往成为不去创造的借口。

在互联网出现之前,这个问题就早已存在了。"一条弹簧久受外物的压迫就会失去弹性,我们的精神也是一样,如果经常受别人思想的压力,也会失去弹性。"19 世纪的德国哲学家叔本华(Arthur Schopenhauer)这样写道,"有许多学者就是这样,因读书太多而变得愚蠢。"

这不是让你停止**一切**阅读,彻底无视前人的洞见。而是说,即便在信息不够完美、不够充足的情况下,你也能从容应对;在没那么清楚地看见道路的时候,你要敢于迈步。要吸收的东西永远没个完,你总是可以再多看一本书,多听一个播客,多拿一张证书,多学一门课。我们需要有点觉知:摄入的东西不能太少,但也不宜太多。

这还意味着，要在摄入和创造之间找到平衡——在阅读他人的观点和创造自己的观点之间找到平衡。如果你和大多数人差不多，那么这个比例会严重偏向摄入那一边（即便你把日常回邮件也算作一种"创造"，何况它根本不能算）。

要努力把这个比例拉回平衡点。你可以像斯蒂芬·金那样，先从改进别人的作品开始。从《了不起的盖茨比》（The Great Gatsby）中找一页，把它改得更好些。如果你不满意《黑道家族》（The Sopranos）、《迷失》（Lost）或任何你喜欢的电视剧的结尾，别抱怨，动笔写个更好的。从《白宫风云》（The West Wing）中选一段对话，把它改得比编剧艾伦·索金（Aaron Sorkin）的原版更精彩。

别停在这儿。继续下去，就像斯蒂芬·金一样，创造出完全属于你的美好事物——无论是创立你自己的公司、非营利组织，还是拟定一个能改变工作现状的全新策略。

在传记电影《火箭人》（Rocketman）中，年轻的埃尔顿·约翰（Elton John）为一支美国乐队当钢琴伴奏。演出结束后，埃尔顿问主唱："我想当个词曲作者，该怎么做？"主唱回答："写歌。"

这个建议看似简单，却大有深意。作家奥斯丁·克莱恩（Austin Kleon）称之为"去做相应的事"。我们总是想成为某个身份（词曲作者），却不去做相应的事（写歌）。我们告诉自己，我想当个创业者，却不去创建任何事情。我们告诉自己，我想当个小说家，却从不动笔写小说。

秘诀就是，忘掉身份，去做相应的事。

如果你想当个博主，就每周写博客。

如果你想当个脱口秀演员，就去找个开麦夜①的机会，上台说一段。

如果你想做播客，就开始录音频节目。

最后提醒一点：批评不是创造。指指点点很容易，抱怨很容易，坐在那儿空想为什么事情没有奇迹般地变好，也很容易。跑到推特上跟不认识的人骂架，告诉他们"再努把力吧"（同时悄没声地告诉自己"差不多就行了"），这也很容易。

换句话说，批评不值钱，而创造才有价值。

举高手臂，引导众人前行。

对大家说："咱们去那边吧！"然后朝着未知，开辟出一条新路。

写出属于自己的作品。

一双靴子

20世纪40年代，在土耳其的一个小村庄里住着一个14岁的少年。他在赤贫中长大，当羊倌帮大人维持生计。

少年听人说，附近的村子里开了一所学校，要是念完毕业，就能当小学老师。他去申请了，也被录取了。他从自己的村里走了50千米，到那所学校去注册。日后，他将定期在这条路上往返很多很多次。

入学第一周，学校里的护士发现这孩子的鞋已经烂得不像样了。学生们（以及老师们）需要干校园里的体力活，比如修建校舍和宿舍，种地种菜——学校的伙食都要从这儿来。少年的鞋上沾满了泥浆，脚都泡湿了。

---

① 开麦夜（open-mic night），安排在酒吧、餐馆或咖啡馆里的开放式演出机会，谁都可以上台表演。

护士给少年买了一双新的平头靴子。这双靴子改变了他的人生：要是没有这件礼物，他多半得中途辍学。

少年毕了业，回到自己的村子当了小学老师。接下来的几十年里，他教出了上千名学生，成为社区的精神领袖。

他也教过我。

那位少年是我爷爷，也是我的第一个老师。他让我睁开双眼，见识到了阅读和书写的魔力，还鼓励我带着好奇心去看世界。

如果那位护士没有给他买靴子，我爷爷可能会辍学，我在成长过程中就得不到他的影响，而正是那些影响让我走上了今日的道路。

换句话说，一只蝴蝶在土耳其的小村庄里扇动了翅膀，创造出波及几十年的涟漪效应。

我们总以为，要想促成改变，就必须"干大事"。我们认为个人的行动是不够的。要是没有"大批的追随者"或是缺乏造成大规模改变的能力，我们就连试都懒得试。

大动静是能看见的，比如超级畅销书或爆红金曲，于是我们认定，能看见的才是重要的。

可是，小小的一滴水也能创造出漾至无垠的涟漪。我们往往看不见这些涟漪，于是就以为它们不存在。给我爷爷买靴子的那位护士，并不知道自己对我、对爷爷教过的上千名学生造成了多大影响。而且这些影响还在不断扩大——由于得到爷爷的教导，那些学生又会继续影响更多的人。这一切，都始于那个善良慷慨的举动。

演讲时，我经常听到这样的问题："我该如何促使他人改变？"我的回答是：从你自己做起，别再等待他人采取行动。当年那位护士也没有等待某个"权威人士"来帮助我爷爷，相反，她做了她认为该做的事。

"道德的苍穹高且长，"正如马丁·路德·金（Martin Luther King）提醒我们的那样，"但它终将趋向正义。"

可那道弧线不是自动弯落的。

如果你只等着别人出面采取行动，它不会朝着正义落去。

只有当每个人都作出自己的贡献，日积月累，凝聚出非凡成就之时，它才会向正义弯落过去。

"不懂"也有好处

创立 Spanx[①] 之前，莎拉·布莱克利（Sara Blakely）的工作是上门推销传真机。

她住在美国的佛罗里达州（Florida）。那儿的天气特别热，但她必须要穿的连裤袜不但样式老旧，而且很不舒服——尤其穿露趾高跟鞋的时候，袜子上带有缝线的部分就会露出来。

她带着5000美元的积蓄，搬到了亚特兰大（Atlanta），开始制订"不连脚的塑身裤"的生产计划。

她没有上过一节商业课程，对时尚零售行业也丝毫没有经验。她去针织厂推销自己的设计，却被嘲笑了一通。但她没有气馁，而是用那5000美元创立了 Spanx，把公司做到了 10 亿美元的级别。

人们经常问她："莎拉，你是怎么做到的? 你的商业计划是什么? "

她是怎么回答的? ——"我从来都没有做过商业计划。"

---

① 美国知名内衣品牌，总部位于亚特兰大。

由于她不知道商业"本该"如何运作，所以就做得非常简单。"我就关注三件事：做出来，卖掉，建立知名度。"她解释道，"我把产品生产出来，能卖到几家店就卖到几家，然后把余下的所有时间都用来创造兴奋度和知名度。我就一遍遍地重复这个循环。"

就这么简单。

布莱克利明白，把所有精力放在设计"正确的品牌推广策略"或精心拟定商业计划上，可能会沦为一个巧妙的借口，让人不去做最重要的事。她解释说："我看到有许多创业者想法真的都特别好，可就是因为'缺少经验'或知识不够，他们就停在原地一动不动。可是，你'不懂'的那些东西，可能正是令你脱颖而出的关键。"

容我再重复一遍：你不懂的那些东西，可能会令你脱颖而出。

初学者没有肌肉记忆。掌握的知识太多，反倒有可能限制你的想象力，因为你的注意力都放在了事情**"现在是什么样子"**上面，而不是**"可能会是什么样子"**。正如《连线》（*Wired*）杂志的创始主编凯文·凯利（Kevin Kelly）所说的那样："人生中只有一项能力，得益于无视旁人都懂的东西。这就是想象力。"

20世纪最有影响力的作曲家之一菲利普·格拉斯（Philip Glass）一定很同意这个观点。"如果你不知道该做什么，"他说，"反倒能有机会做出新东西。但凡你知道要做什么，就没多少新意了。"

世上最优秀的棒球手会牢牢盯住要击打的球。他们不会被观众或其他选手分神。对你来说也是一样。如果你没有聚精会神地盯着眼前的东西——如果你被"其他人在做什么"分了心，或是总想着自己曾经做过些什么——就很容易错过真正重要的东西。

保持这种心态，不是要你退隐到某个与世隔绝的寺庙里去。但是，它确实需要你谨慎地对待知识。知识应当让你变得更渊博,而不是束手束脚;它应该能启发你,而不是蒙蔽你。

要是你看不见球在哪儿,怎么可能击出全垒打呢?

改变我人生的一篇文章

这不是明摆着吗?

我看着刚写完的文章,厌弃地摇摇头。它写的是"为什么事实不能让人改变想法"。在我看来,道理简直是明摆着的。身为曾经的火箭科学家,我这辈子花费了大量时间,试图用客观的、无可辩驳的数据来说服别人。可我最终发现,这个方法有个大问题——它不管用。如果一个人拿定了主意,事实往往不足以让他改变想法。

我很想把这篇文章扔一边去,可次日一早就是发送订阅邮件的时限了,我又没有其他存稿。于是,我请内心的批评家高抬贵手,最后不大情愿地点击了发送键。

那是 2017 年的事。彼时我在网上发文章快一年了,大约只有 1000 个订阅读者,"爆文"这个词儿压根就没在我的词典里出现过。

但那篇文章发出去之后,怪事接二连三地发生了。

大家开始在社交媒体上转发它。转发者不是我的朋友或老读者,而是我完全不认识的人,他们不知道通过什么渠道看到了那篇文章,觉得非常喜欢,以至于愿意分享出去。

然后,Heleo 网站——"下一个伟大想法俱乐部"(Next Big Idea Club)的前身——的一个编辑找到我,想要转载这篇文章。

"写得很好,真的很有趣。"编辑说。

"我也觉得。"我说。其实我一点不觉得。

几天过后,我的网站工程师给我发了个信息。"怪事啊!"她说,"瞧瞧你的网站数据。"

记得《黑客帝国》里基努·里维斯(Keanu Reeves)惊叹"哇哦"的那一幕吗?当我看见流量数据图上陡然蹿升的线条时,我就是那副样子,下巴都快惊掉了。我的网站访问量呈现出指数级的增长,绝大部分都是因为 Heleo 的转载。

那篇文章成了"爆文"。它很快就成了 Heleo 有史以来最受欢迎的文章,吸引了成千上万的读者来访问我的网站。我的上一本书《像火箭科学家一样思考》之所以能取得成功,这些新读者起到了重要作用。

这个故事说明什么?面对自己的创意,你是个糟糕的法官。你离它们太近,没法做出客观的评估。

这种事经常发生在我身上。有时候,我发布了一篇自认为写得字字珠玑的文章,结果回应寥寥。而另一篇呢?我觉得只是说出了明摆着的事实,结果成了疯传的"爆文"。

拿过奥斯卡奖的编剧威廉·戈德曼(William Goldman)说得好:"没人知道任何事。"在电影行业里,没人知道哪一部会成为爆款,哪一部无人问津,人生也是一样。

确实如此——直到你去尝试。我可以花很多天时间反复衡量一个想法是好还是坏——我那喜欢过度思考的头脑就喜欢干这个——或者,我可以干脆试试看。

所以,如果你有了一个想法,别捂着。高举起手,大声说出来,哪怕你觉得它简直是"明摆着",人人都看得出来。想想我的例子就行，就差那么一丁点儿，我就不会发出那篇改变我人生的文章了。

在你看来明摆着的东西，可能会让别人感到醍醐灌顶。

可它还是在转啊

产妇和新生儿正在死去，死亡率高得吓人。

这悲惨的状况发生在 19 世纪 40 年代，奥地利的维也纳总医院（Vienna General Hospital）的一间产科诊室里。姑且称这个诊室为一号吧。

而在二号诊室，情况完全不同。虽然两间诊室同属一个医院，但二号诊室的死亡率远远低于一号。人人都知道这个现象，所以绝望的准妈妈们恨不得跪求医生，别把自己分到一号去。

从各方面看，两间诊室的条件都一模一样——只有一个因素除外。在二号诊室，接生的是助产士；而在一号诊室，接生的是医生和医学院学生。并不是助产士的接生技术更好，因为死亡都发生在生产之后——病因是产褥热——而不是在分娩过程中。

当时，汽车还没有发明出来。在维也纳这种大城市，经常有产妇在大街上分娩，然后把婴儿带去产科诊室。违反直觉的是，在大街上分娩的产妇的死亡率也明显低于一号诊室。

绝大多数医生都没有注意到这个数据差异，除了一位名叫伊格纳兹·塞麦尔维斯（Ignaz Semmelweis）的医生。他是个匈牙利人，却在奥地利的顶级医院工作，在那个排外的年代，他算是个异乡异客了。

对自己观察到的这个模式，身在一线的塞麦尔维斯深受困扰，也大感困惑。两间诊室的死亡率为何差异这么大？为什么受过良好教育的医生和医学院学生，会比隔壁的助产士失去更多患者？为什么在大街上产下婴儿的母亲们反而更有可能活下来？当街分娩的条件可比医院诊室差太多了。

他的朋友兼同事雅各布·科勒什克（Jakob Kolletschka）的死提供了一丝线索。科勒什克是法医学教授，在一次尸检过程中，他的手指被污染的小刀划伤，最终死于感染。"他的死终日困扰着我。"塞麦尔维斯回忆道。他意识到，带走科勒什克的病症，很可能正是导致不计其数的产妇死亡的元凶。

散落的点开始串联起来，令人不安的答案终于渐渐显露出了真容。治病的手，恰恰也是致病的手。与二号诊室里的助产士不同的是，一号诊室的医生和医学院学生会定期参加尸检。他们可能刚在停尸房解剖完尸体，就到产房去接生婴儿——但接生前没有用正确的方法洗手。塞麦尔维斯怀疑，他们有可能把从尸体上沾染到的微粒，传给了产房里的病人。

现在看来，这个怀疑十分自然，可在当时，这是个非常大胆的想法。在那个年代，路易·巴斯德（Louis Pasteur）还没有提出细菌理论，人们还不相信微生物会传播疾病。

为了验证自己的想法，塞麦尔维斯设计了一个实验。他请医生们在尸检之后用漂白粉水洗手，然后再去检查患者。这个做法奏效了，一号诊室的死亡人数显著下降。短短几个月，死亡率从18%以上降到了2%以下。

塞麦尔维斯震惊了，部分原因是他感到自己难辞其咎。"我做尸检的次数之多，很少有产科医生比得上。"他写道，"只有上帝知道，有多少患者是因为我而过早地进了坟墓。"可是，"无论这个认识令人多么痛苦和窒息，闭口不谈是没法解决问题的。"他继续写道，"如果我们不希望让不幸一直继续下去，就必须要让每个人都知道这个事实。"

塞麦尔维斯寻找解决方案的战斗，变成了"请你们听见我"的战斗。可他很快落败了。僵化的维也纳医学界无视明显的证据，拒绝了塞麦尔维斯提出的简单方案：洗手。这个建议等于在说，医生们不注意个人卫生，所以导致了患者死亡。这让医生们大为光火。他们认为，绅士的双手怎么可能传播疾病。

让我们站在塞麦尔维斯的位置想想看。把手洗干净，就能拯救生命，你发现了这个简单却惊天动地的事实，同时也害怕这个答案可能会被你带入坟墓——因为没人愿意听你的话。所以你拼命挥手，高声尖叫，就像塞麦尔维斯当年所做的那样。他喊得越来越响，一封接着一封地写信，可下场却是被自己的医院扫地出门。

在塞麦尔维斯看来，每一桩本可预防的死亡都是谋杀，他本可以拯救那么多生命……在这个念头的重压之下，他的精神终于崩溃了。他被送往精神病院，在那里遭到守卫的毒打。伤口感染后两周，他去世了。

塞麦尔维斯去世数年后，人们普遍接受了"洗手能避免传播细菌"的观念。他的观点拯救了无数生命，或许就包括你和我。如今，他被尊称为"母亲的救星"。

今天，"塞麦尔维斯反射"成了一个专有名词，意思是"本能地抗拒那些能撼动现状的想法"。主角的名字变了，但故事还一样。他们心怀愿景迈出了第一步，踏上一条从未有人涉足的道路，得到的回应却是激烈的抗拒和集体抵制。

现在当你挑战传统观点的时候，不大可能以进精神病院而告终，可是，传统会反对你。当你不肯与羊群为伍时，羊群会把你赶出去。从现状中获益的那些人会抵制你，而且态度会非常坚决。

当你创造出任何有意义的东西时，肯定会有人——不知道在哪儿、也不知道是谁——会想办法让你不好过。

尼古拉·哥白尼（Nicholas Copernicus）发现地球是围着太阳转的，而不是反过来，可这个发现被禁止了将近100年。支持这个观点的书籍遭禁，伽利略（Galieo）因为替它背书而遭到了那场著名的审判。宗教裁判所宣布，伽利略的观点"在哲学上既愚蠢又荒谬，显然违背《圣经》中诸多教义，因此是不折不扣的异端"。他被迫公开宣布放弃这个理论，并被判处软禁，在家中度过了生命的最后9年。

斯蒂芬·金发现，自己隔三岔五就会收到刻薄的评论。"没有一个星期是安生的，"他写道，"每周至少有一封火冒三丈的信（绝大多数情况下不止一封）指控我文笔粗俗、偏执、凶残、愚蠢肤浅，要么就说我是个彻头彻尾的变态。"

沃尔特·惠特曼出版《草叶集》——这是美国诗坛上最有影响力、最具原创精神的作品——的时候，他得到的评价十分尖刻。"完全无法想象，怎会有人想得出如此愚蠢又污秽的东西，除非他被一头伤春悲秋、死于无望之爱的驴子附体了。"一名格外毒舌的评论者这样写道。接下来，他说这本书是"一摊污泥……没有一丁点儿巧思"，还有一个评论者把惠特曼比作"一头在充斥着放荡念头的腐烂垃圾堆里乱拱的猪"。

要避免批评，只有一个办法：从此不再做有意义的事。

对批评的恐惧是梦想杀手。它扼杀梦想的手段是：阻止我们迈出第一步,阻止我们接下有挑战性的项目,阻止我们在会议上举手说出不同的看法。

不要误会我的意思:如果批评出自善意,旨在帮助你改进,那它就是有帮助的。善意的批评者给你反馈的时候,不会对你进行人身攻击,只想帮你把事情做得更好。这种反馈很宝贵。但是,那种来自庸俗之辈、劝你循规蹈矩的批评——说你没权利做你正在做的事,你应该回去老老实实地该干吗干吗——应当被无视。

这种规劝人循规蹈矩的批评,反映出的其实是评论者的问题,而不是创造者的。有人对你做出了主观评判,这往往表明,他们已经把一部分的自己评判到噤声——为了融入和顺从,他们把那个部分狠狠地压制了下去。当那个部分看到自己想做的事被你实现了,它的反应更有可能是攻击你,而不是赞扬你。

所以啊,没错,你肯定会被人误解。他们会攻击你,侮辱你,把你的好名声拖到烂泥里。遇上这种情况的时候,按照伊丽莎白·吉尔伯特的建议做吧:"你就甜甜地笑一笑,要多礼貌就有多礼貌地建议他们,滚回去做他们自己的破烂艺术。然后固执地继续做自己的。"

被判处软禁之后,伽利略继续固执地创造自己的艺术。他花了大量时间撰写那部杰作:《关于两门新科学的对话》(*Two New Sciences*)。这本书为他赢得了"现代物理学之父"的美名。

而且,他从未失去坚持己见的勇气。据说,当他被迫要宣称放弃日心说的时候,他的回答是:"可它还是在转啊。"

可它还是在转啊。

这是事实。地球围着太阳转。权威人士可以禁掉他的书,把他关起来,可他们无法改变那个事实。

"在意他人的赞扬，你就沦为他们的囚徒。"老子在《道德经》中这样写道。① 当你因为害怕别人的批评而不敢行动时，你就把别人的想法摆在了自己之前。你需要的外界肯定越少——越不害怕批评——你能寻找到的原创想法就越多。

无须不断得到外在认可——被所有人喜爱、尊重和理解——也能创造，这是人类的非凡勇气。如果你需要依赖外界资源来获得力量，那份力量会被随时收回。但是，如果你的燃料来自内在，那么没人能夺走它。

内在的燃料是"清洁能源"。它是可再生的。万一用完了，你也不必求诸外界，希冀用更多的认可、赞同和喜爱去补充它。在你的内心深处，深埋着无穷无尽的矿藏。

说到底，批评这东西不管听上去多么刺耳，往往是另一种形式的认可——这说明你在做的事很有意义。

如果你坚持得够久，那些"引战帖"和恶意评论就会失去耐性，它们会新找一个对象去嘲讽的。

而你的艺术作品自会证明一切。

开心的意外

身为一个在伊斯坦布尔长大的小孩，我对美国的印象，是从被翻译引进到土耳其的、各式各样的美国电视节目中拼凑出来的。

---

① 这句话应当不是老子说的，有人已经讨论过这句译文的争议。作者此处引用的英译版《道德经》是斯蒂芬·米切尔（Stephen Mitchell）的译本，这句译文对应的是《道德经》第九章中的"富贵而骄，自遗其咎"，但显然译文与原意完全对不上。

美国派驻土耳其的"大使"包括《活宝兄弟》(Perfect Strangers)里的拉里表哥，《家有阿福》(ALF)里的坦纳一家，还有《拖家带口》(Married with Children)里的阿尔·邦迪(Al Bundy)——他强有力地加固了人们对美国人的所有刻板印象。

但还有一位"大使"脱颖而出，值得特别说一说。

他名叫鲍勃·罗斯(Bob Ross)，是经典节目《欢乐画室》(The Joy of Painting)的主持人。每一集里，罗斯都是一身同样的蓝领打扮，坐在椅子上，在画布前画油画。

第一次在土耳其的电视频道中看见这个节目的时候，我都惊呆了。当时我心想，美国人实在是无聊到没事可干了吧，居然看人画风景画？这让我重新估量起美国的魔力来。

但这个节目有一种奇异的吸引力。它拉开了创意过程的帷幕，让观众们看到一个创作者是如何"无中生有"的。

在罗斯看来，让观众看到整个创意过程，不加一点遮掩，这很重要。他不会把出错的地方剪辑掉，而是用摄影机忠实地记录下来。他敞开胸怀拥抱错误，最重要的是，他会在错误的基础上发挥、重构。"这不叫犯错，"他说，"这叫开心的意外。"

罗斯知道一件我们绝大多数人忽略的事情：错误就是创造的一部分。如果你没犯错，说明你做得太安全，太保守。你的目标不够高，或是速度不够快。

画布的存在，不是为了始终保持干净，不被污迹沾染。它的存在，不是为了让人一直盯着看，享受那完美的纯白。它之所以存在，就是为了让人作画啊——尽情地，美好地作画。

成功次数很多的人，失败的次数也必定很多。他们成功的次数多，是因为做得多——他们比别人画过更多画布，瞄准更多靶子，启动更多业务。贝比·鲁斯（Babe Ruth）是本垒打之王，可他同时也是三振出局之王。迈克尔·乔丹（Michael Jordan）在比赛最后一分钟投进的绝杀制胜球比 NBA 史上任何一个球员都多，可他在最后一分钟失误不进因而输掉比赛的次数，也比谁都多。

在你的所有尝试中，绝大多数会失败，有些算不上精彩，但少数几个会成功，足以补偿所有的一切。

失败是知识。套用诗人鲁迪·弗朗西斯科（Rudy Francisco）的句式，就是"大地能教给你的飞行知识比云端更多"。在我遭遇的所有失败中，没有哪次是让我一无所获、学不到任何东西的。如果你把所做的事视作学习的机会，而不只是取得成就的机会，那么就算你失败了，也依然是赢家。

人们追求完美主义，主要是想获得外界的嘉奖。这是一种沉迷，我们害怕，万一画布上的污迹被人看见，就得不到每日必需的"嘉奖"了。

如果你是人，那你就是不完美的。

奋力追求完美的时候，你其实是在寻找某种并不存在的理想状况。所以你拖拖拉拉地不肯行动，因为如果你不去做，就不会犯错。你把自己的创造力引向容易与安全的方向，在那个区域里，你失误蹭在画布上的污迹多半是最小的。你选择顺从，而不是直面；你会耍小聪明，而不是大胆完成；你站在原地不动，而不是翩翩起舞。

在纳瓦霍人①织的毯子上,有不少纹样是错的,比如花样走形、纹路不直等。有人说,这是织毯人故意为之,为的是提醒世人,人类是不完美的;可也有人说,错误不是有意的,有意的举动是不去修改错误,继续编织下去。

这些织毯人明白一个显而易见的道理:一张不完美的、有故事的手工织毯,远比完美无瑕的工厂货更优美动人。

我说的不是那种故意做出的不完美,比如做旧的牛仔裤或扶手椅。故意做出来的不完美很容易看得出来,你一看即知。

当你掩饰真诚的、自然的不完美的时候,你也遮盖了自己的有趣之处。假装完美的人跟别人聊天的时候,顶多能撑 10 分钟,再长就要露馅。要是想看被修图软件美化过的人,我还不如点开照片墙呢。

还有一点需要记住:你不是鲍勃·罗斯,你旁边没有摄影机正无时无刻不对着画布,记录下你的每一笔疏失,每一点污迹。所以,别担心别人怎么看你——因为绝大多数情况下,他们压根没在看你。每个人都困在自己的小宇宙里,忙着操心自己弄出来的污迹,哪儿顾得上你啊?

确实,犯错有时候挺痛苦。但犯错的痛苦是投身勇敢人生的代价,我很乐意做这个交易。不过,世上还有另外一种代价——不是失败的代价,而是压根不敢尝试的代价。我曾经体会过那种痛苦,此后再也不想领略了。

说到底,要想得到一块毫无污迹的画布,唯一的办法就是永不

---

① 纳瓦霍人(Navajo),分布在美国西南部的一支原住民族,为北美洲地区现存最大的美洲原住民族群。

动笔。

所以,往前走,去犯错吧。犯点精彩的错误,犯点唯有你能犯的错——那种犹如你的签名般的污迹。

好错误不会让你变得完美。但它们能帮你停止"必须做得完美"的妄念。

专业人士如何做到举重若轻

1976年6月,纽约一家喜剧俱乐部组织了一场业余演出,时年22岁的杰瑞·宋飞(Jerry Seinfeld)第一次获得登台演出的机会。他抓过麦克风,开始讲精心准备的段子……然后,什么也没发生。

"我连话都说不出来,"宋飞回忆道,"我吓傻了。"当他终于攒足了力气,能动动嘴唇之后,口齿间蹦出来的也只是几个主题词而已。"海滩、开车、狗。"宋飞对着话筒,声音颤抖着。整个表演持续了90秒。

刚开始做公众演讲的时候,我局促得要命。我会把想说的每一句话都写下来,然后一个字一个字地念出来——语气单调至极,除了声音中明显的颤抖,再无任何变化。照着脑海中的"提词器"念稿子的时候,我都能感觉到无聊的情绪正从观众席上升腾起来。我和听众之间毫无联结。

教室里的情形也是一样。我当上教授、第一次讲课的时候,由于太过紧张,结果绊在了电脑线上,差点摔个嘴啃地。

接下来的10年间,我一次又一次地坚持实践,坚定地重复着"付出努力—取得成果"的节奏。我讲的每一堂课、做的每一次演讲,都比上一次的好一点点。渐渐地，我发现了与听众建立联结的诀窍，知道了该如何讲出精彩的故事，也懂得了如何不露痕迹地掩饰疏漏。如今，我经常被评选为会议与公司活动中的优秀演讲人。

人们看见的往往是表面上的光鲜，内里的艰辛总是不为人知。史上最伟大的足球运动员之一利昂内尔·梅西（Lionel Messi）说，他的一夜暴红，花了"17年又114天的时间"。史蒂夫·马丁（Steve Martin）也有同样的感慨："我说了18年的单口相声。其中10年用来学习，4年磨炼技术，4年收获巨大成功。"

阿尔·帕西诺（Al Pacino）和本·申克曼（Ben Shenkman）一同参演了迷你剧集《天使在美国》（*Angels in America*）。帕西诺是申克曼的偶像，于是申克曼待在片场观摩他的表演，想学学究竟是什么让他演得如此出色。有一天，在帕西诺把一场戏试了10遍之后，导演迈克·尼克尔斯转向申克曼，问："你学到了什么？"申克曼答说："要演得简洁精练。"尼克尔斯说："不，这不是正确答案。正确答案是：你看到演戏有多难了吧？即便是这种级别的大师，即便是你的偶像！你看他试了多少回？你才刚看了10遍而已。而且我知道，你也能看得出来，这段演得好，那段不好，然后又好起来了，可偏偏到了关键时刻，又没那么好了。"

我们可以从专业人士身上学习，就像申克曼在现场观摩帕西诺拍片一样。但是，当我们拿自己与他们相比的时候——当我们衡量自己和别人之间的差距时——我们会认定自己不够好，不够有才华，所以甚至懒得去努力追赶。或者，我们很快就放弃了，觉得自己不是那块料。但是，当你拿自己与更有经验的专业人士作比较的时候，可不是在拿苹果跟苹果比。你还是"测试版"，而对方已经是正式的成品了。

他们已经干了多年，甚至是几十年，而你才刚刚起步。

况且，每个人的起跑线也不一样。特权、机遇、运气，这些因素合在一起，确实能让有些人先行一步，或者是冲劲特足。这不是为不敢尝试或放弃找借口，只是正视现实而已——或许你跟别人的速度一样，跑的距离也一样，可还是落在他们后面。人生中没有标准的时间表。"去成为你应该成为的那个人，永远都不晚。"乔治·艾略特[①]说。所以，尊重你现在所处的位置吧，也尊重你已经走过的距离。

火箭刚刚发射升空的时候，就像静止不动似的。在震耳欲聋的咆哮声中，它点火成功，然后以极慢极慢的速度一寸一寸地升离发射台。尽管推力极大，但火箭太重了，没法快速升起。要是在刚刚点完火的时候就给它拍张快照，你会以为它要掉下来了。唯有定睛观察很长一段时间，你才会看到它明显地升高了。

人生也是一样。刚启动一个新项目或新生意的时候，你经常会觉得，你一直在奋力地往前推进，可怎么什么都没发生啊？

照片分享网站Pinterest的创始人本·希伯尔曼（Ben Silbermann）说，离开谷歌后，他花了4年时间才建立起一家成功的企业。"在那4年里，情况一直不怎么样。"他说，"但我心想：也不算太长嘛。这就好比当住院医师之前要先上完医学院。"

绝大多数人甚至不敢站上"发射台"，因为他们害怕做出不像样的东西。这恐惧是合情合理的：在早期阶段，你的创造确实不会太精彩。作品虽然做出来了，但处处都不完美。其实，你只是没看见整个

[①] 乔治·艾略特（George Eliot，1819—1880），英国作家。原名玛丽·安·伊万斯（Mary Ann Evans），19世纪英语文学最有影响力的小说家之一。

过程而已：爆笑的段子在初稿时也曾遭遇嘘声；拍了数十遍，才有了那段足以赢得奥斯卡的精彩独白；刚写出来的章节草稿，会让每一个自尊自爱的作者眉头紧皱。每个创造者都必须要努力熬过这个尴尬的初始阶段，才能拿出精彩的作品。

如果在一开始，你感觉事情很沉重，那是因为它确实沉重。你才刚刚点燃了火箭而已——它还需要一段时间才能找到正确的路径。一开始总是慢的，但动量会随着时间渐渐积累起来。

所以，别再把自己跟其他已经达到逃逸速度的火箭作比较了。关注你自己的轨迹就可以。上升一寸，又一寸，再一寸。爬升得越高，你会觉得越轻松。

不知不觉间，你留在身后的距离已经超过了面前要走的。

厚颜无耻的自我推广

我从来也没搞懂过，"厚颜无耻的自我推广"是什么意思。

这个说法假定自我推广是可耻的。如果你要推广自己——如果你准备把自己的创意和作品推向世界——那你必定很无耻。

可是，如果你不去推广自己的创意作品，没人会替你做。人生不是电影《梦幻成真》（*Field of Dreams*），你也不是凯文·科斯特纳（Kevin Costner）。如果你在艾奥瓦州（Iowa）的玉米地里盖个棒球场但不做任何推广，没人会来的。你不过是个怪人而已。①

为了让其他人感到自在，我们常常低调行事。我们蜷缩成一小团，这样别人就看不见我们——连我们自己也看不见自己了。

但事实真相是：你的艺术创作能启发他人的艺术创作，你的智慧能解锁他人的智慧，你的自由生长能激励他人自由生长，你的声音能改变他人的思考方式与行为方式。但是，如果你闭紧了嘴巴，就什么也做不到了。

这不是让你用垃圾邮件去轰炸别人，也不是让你去占别人便宜。这意味着，你要带着和善与尊重之心推广自己；这意味着，你向那些允许你这样做的人去推广自己——他们已经举起了手，对你说："是的，我想要那个东西。"

如果你不推广自己的书，读者就不会来。

如果你不推广自己的产品或服务，顾客就不会来。

如果你不推广自己，工作机会就不会来。

自我推广不是可耻的行为，它是充满爱的行为——对想要你的作品的人来说。

它也是充满勇气的行为。它在说："瞧啊，我做了这个。"然后承担起遭拒的风险。它是敢于袒露脆弱，也是不自私；为了保护小我而不肯推广自己的作品，才叫作自私。

自我推广的反面是隐藏：想出了好主意，却不执行；写出了诗句，

---

① 电影《梦幻成真》1989年在美国上映，主人公是青少年时期与父亲失和而无法完成梦想的艾奥瓦州农场主雷。有一天，雷听到神秘声音说："你盖好了，他就会来。"于是他像着了魔一样铲平了自己的玉米田建造了一座棒球场，没想到他的棒球偶像真的来到那里打球，他也因此解开了与父亲之间的心结。凯文·科斯特纳饰演雷。

却不与人分享；创造出了东西，却囤积起来。

是时候把"可耻"二字从自我推广前抹掉了。

如果一样东西能够感动别人，让他们的生活变得更加丰盈美好，而你却不去推广它，这才是真正的可耻呢。

―――――――

访问 ozanvarol.com/genius，你可以看到各种表格、问题与练习，帮你运用书中所讲的策略。

第四部分
Part Four

外在的旅程

第四部分包含三章：

　　1. 是谁在胡扯：把错误信息过滤掉，发现事实真相。

　　2. 看向别人不看的地方：摆脱新事物、便利、流行对我们的辖制，看见别人看不见的东西。

　　3. 我不是你的上师：为何我们会被成功故事骗到；为何出自好意的忠告会误导我们；如何不再拿自己跟别人比较。

在这个部分，我将会告诉你：

☆ "早餐是一天中最重要的一餐"，这句箴言的起源居然令人大跌眼镜

☆ 为什么人们会问出愚蠢的问题（以及如何问出好问题）

☆ 荣获普利策奖的记者如何运用违反常识的方法，在平凡中发现非凡

☆ 乔治·克鲁尼（George Clooney）效应教你如何启动新项目

☆ 我们是怎样被关进智识的监牢的（以及如何应对）

☆ 被世人误读得最严重的诗能教给我们什么

☆ 为什么竞争与比较是从众的表现

第九章　是谁在胡扯

怀疑一切或相信一切，同样都是偷懒省事，二者都是不假思索的表现。

——亨利·庞加莱，

《科学与假设》（*Science and Hypothesis*）

我们如何愚弄自己

我快没电了，天越来越黑了。

这是"机遇号"（Opportunity）火星探测车留下的最后一句话，无数媒体机构都报道过。2018 年 6 月，在一场严重的沙尘暴中受阻之后，"机遇号"陷入了沉寂。NASA 的工作人员们向这台小小的探测车发送了数百条指令，请它跟家里联络，却没有成功。2019 年 2 月，"机遇号"被正式宣布死亡。

吸引绝大多数人注意力的，并不是"机遇号"在火星上工作了 14 年还多——这远远超出了它 90 天的"寿命"；也不是它在那颗红色星球上漫游了 28 英里（约 45 千米）——这个距离打破了历史纪录，远远超过此前任何一台探测器。

不，让整个世界掀起风暴的，是探测车发回地球的最后一句话。一位记者在推特上报道了它。

我快没电了，天越来越黑了。

这条推文被疯狂转发，在全球掀起一阵狂潮。Etsy 网站①上的设计师们立即抓住机会，一窝蜂地推出了印着这句话的 T 恤衫、马克杯和杯垫。无数人把这句话文到了自己身上。

"机遇号"的这句话之所以会引起我们的共鸣，部分是因为时不时地，我们每个人都曾有过这样的感受：就好像我们的电量低了下去，周围越来越黑暗。这句话被一个"不是人"的机器说出来，令我们格外感慨。14 年来，顶着火星上的狂风与沙尘，这台小小的探测车尽职尽责地执行着人类的指令。随着尘土慢慢地将它覆盖，它向地球传回的这句最后的告别，简直概括出了这个小家伙的全部勇气。

我快没电了，天越来越黑了。

可问题是，这个故事是假的。

陷入沉寂之前，"机遇号"向地球发回了一长串常规代码，在无数信息中，有一部分汇报的是它的电量水平与外部光线的读数。一个记者——一个不会让事实阻挡了好故事的记者——截取了这些代码中的一小段，"翻译"成了英文，然后在推特上发给了全世界，说这"基本上"就是探测车最后的话。

成千上万的人点击了"转发"，媒体争先恐后地发表相关报道，却没有人停下来想一想或是张口问一句："一个远程控制的太空探测

---

① Etsy 是一个网络商店平台，以手工艺成品买卖为主要特色。

机器人能说出一个完整的英文句子，而且就像经过设计一样，准确地拨动人们的心弦。这是如何做到的？"

我在"机遇号"的执行团队中工作了 4 年，即便如此，在那短暂的一瞬，连我都被打动了。第一次看到"机遇号"这句"最后的留言"时，我本能地"唉"了一声，然后就开始刷各种媒体报道，想多了解一点。

"乔治·奥威尔（George Orwell）这老家伙说反了。"《搏击俱乐部》的作者恰克·帕拉尼克（Chuck Palahniuk）这样写道，"老大哥没在看你。他又是唱又是跳，从礼帽里拽出兔子来"，他把精彩又震撼的故事讲给你听，把你感动得一塌糊涂，直到你的想象力变得"跟阑尾一样有用"。我们都被故事征服了，把逻辑和怀疑精神扔到了风里，一窝蜂跑去把"机遇号"的话文在身上。

这是个常见的现象。麻省理工学院的学者们做了一项研究，调查了 2006—2017 年间推特上流传的真假新闻报道。在这期间，假新闻被转发的概率要高出 70%，而且传播速度比真事快 6 倍——这个现象尤其引人关注，因为如今推特是许多人看新闻的主要来源。作家乔纳森·斯威夫特[①]在 18 世纪写下的句子如今依然成立："谎言飞一样地散播，事实一跛一跛地跟在后面。"

下次，当你本能地想按"转发"，或是受到诱惑、想要相信世俗认知的时候，先暂停一小会儿。问问自己："**这是真的吗？**"怀疑一切，从奄奄一息的火星探测车那令人动容的告别，到营销人员充满自信的宣称。当你养成习惯，经常问出**这是真的吗**，你会惊讶地发

---

① 乔纳森·斯威夫特（Jonathan Swift，1667—1745），爱尔兰作家、政论家、讽刺文学大师，以《格列佛游记》和《一只桶的故事》等作品闻名于世。

现,答案往往并不是脱口而出的"是"。

怀疑不是否定主义。否定主义者是冲着云彩挥舞拳头的倔老头,否定主义者会在脸书上写长篇大论的小作文,开头一句话就是"我已经做了调查研究……",但这个所谓的"调查"也只是从操纵性的信源那里简单地照搬了一些错误信息而已。否定主义者都言之凿凿,确信自己是对的——现在是,永远是。对比之下,有怀疑精神的人拥有开放的心态,如果有恰当的证据出现,他们愿意改变想法。

但是,只有怀疑精神还不够。说一句"这是胡扯"是很容易的。在工作会议上毙掉同事的创意也很容易,用建设性的方式表达质疑就困难得多。

解决办法是,用"充满怀疑精神的好奇心"去面对这一切。这需要你保持一种微妙的平衡:既要对各种看法保持开放——即便是那些乍一看很有争议或不正确的观点——也要具备等量的怀疑精神。但目的不是为了怀疑而怀疑,而是要重新想象现状,发现新的洞见,找出哪些地方还需要再想一想。

以火星探测车的这个故事为例。如果一个人带着"充满怀疑的好奇心",可能会这样问:"那个记者是怎么看懂探测车的话的?"这个问题可能会引发出额外的问题:"火星探测车是怎么跟地球沟通的?它说的是完整的英文句子吗?我们是如何知道探测车在任一时刻的行为的?"这些问题出自对记者报道的怀疑,更重要的是,它们还出自对隐藏的事实的好奇。

它们将会带你去往极少人敢去的地方,让你看见极少人能看见的宝石。

早餐真是一天中最重要的一餐吗

这个说法实在流传得太广了,以至于沦为俗套——世界各地的父母们劝孩子吃早餐的时候,都会重复一遍:"早餐是一天中最重要的一餐。"

但这句箴言的起源就没那么多人知道了——通用食品(General Foods)在 1944 年发起的一场营销活动,为的是卖出更多麦片。

这场营销活动被命名为"吃好早餐,干好工作"。在营销活动期间,食品杂货店向顾客们分发小册子,宣传早餐的好处,广播电台也播出广告,宣称"营养专家说,早餐是一天中最重要的一餐"。后来麦片发展成为早餐桌上的主力军,这场营销活动就是主要推手。

在 19 世纪与 20 世纪之交,早餐麦片这种健康食品就被发明出来了,与之相伴的还有一项非常具体的"道德诉求"。约翰・哈维・凯洛格(John Harvey Kellogg)医生——他把自己的姓氏授权给了"家乐氏"(Kellogg's)麦片品牌——与人共同开发了麦片这种食物,为的是抑制性欲、防止自慰。凯洛格医生深信,自慰是"所有性虐待中最危险的"。在他的著作《对老少皆有益的明显事实》(*Plain Facts for Old and Young*)中,凯洛格医生写道,有滋有味的食物"对男孩的性本质有确凿无疑的影响,会刺激器官过早地活跃,诱发他们做出罪孽之事"。

为了遏制这种猥亵的不道德行为,美国人民需要更清淡无味的早餐。

麦片就这样诞生了。

自从那场营销运动确立了早餐的地位，说它是一天中最重要的一餐，75 年过去了。这句话还在不停地被人们重复、转发，好像它是什么突发新闻似的。

不断重复会滋生虚假的确信。俗话说得好，"说一遍，谎言只是谎言；说一千遍，谎言就成了真理"。如果你不断听说蝙蝠都是瞎的，我们只用了大脑的 10%，早餐是一天中最重要的一餐，你就会相信这些是真的。

即便已经被科学证据证实是错的，这些长期存在的迷思还是被人们不停地重复。蝙蝠并不瞎，事实上，有些种类的蝙蝠视力比普通人的还要好；关于大脑的那个 10% 的数据，"错得离谱，简直好笑"——神经学家巴里·戈登（Barry Gordon）说。一天下来，我们差不多使用了大脑的 100%。

但说到早餐的重要性，好像确实有科研结果支持。2019 年刊登在《美国心脏病学会杂志》（*Journal of the American College of Cardiology*）上的一篇文章表明，不吃早餐"会显著提升心血管疾病致死的概率"。以下是一些报道该研究的新闻标题：

☆每天吃早餐或对心脏有好处——健康线网站（Healthline）。这篇文章附有令人安心的"已查证事实"字样。

☆你吃早餐了吗？研究表明，不吃早饭会提升心脏病致死的风险——《今日美国》（*USA Today*）。

☆研究发现：不吃早餐将心脏病致死的风险提升了 87%——福克斯 11 洛杉矶网站（FOX 11 Los Angeles）。

☆不吃早餐，对你的心脏可不好——美国互联网医疗健康信息服务平台 WedMD。

或许你应该把那碗麦片吃掉?

先别急。两个现象——不吃早餐和得心脏病的风险——相关,并不意味着一个现象导致了另一个。换句话说,相关不等于因果。

为了把这一点解释清楚,我们看几个荒诞的例证:尼古拉斯·凯奇(Nicolas Cage)参演的影片数量与落入泳池淹死的人数之间相关,人造黄油的消费量与美国缅因州(Maine)的离婚率也相关。但这并不意味着凯奇演的电影导致了人们溺亡,吃人造黄油也不会破坏缅因州居民的婚姻关系。或许人们有很好的理由不再吃人造黄油,或不再看凯奇的影片,但防止离婚和防止溺亡肯定不在其中。在这两个案例中,导致结果的都是另外的原因。

再回到早餐研究上来。

原来,不吃早餐的人同时也会做出各种各样的不健康行为,其中任何一个都有可能导致心脏病。做早餐研究的学者们指出:"与有规律地吃早餐的人相比,那些不吃早餐的受试者更有可能曾经有烟瘾或是重度酗酒、未婚、不爱锻炼、家庭收入更低、总能量摄入偏低、饮食质量较差。"换言之,不吃早餐的人得心脏病,可能是因为他们抽烟太多、喝酒太多或是不锻炼身体——而不是因为不吃早餐。尽管该研究试图控制其中一些变量,但"人跟人太不一样了,想要精确地、适当地调整这些参数是极度困难的(实际上是不可能的)",首个对该项研究提出批评的彼得·阿提亚医生(Dr. Peter Attia)解释道。

然而,新闻标题还是偷换了概念,将相关变成了因果,将科研结论歪曲之后供大众消费。为什么要这样做?因为"相关"不能让报纸大卖,但言之凿凿的确信可以呀。耸人听闻的头条标题,能得到更多点击和转发。在这个需要即时满足的世界,我们只想要结论、要妙招、要灵丹妙药——不要那些让一切事情都变得复杂的微妙因素。媒体没有解释研究中的局限与微妙之处，而是开出了药方式的建议：要么吃早餐，要么冒得心脏病的风险。

这种危言耸听的文章飞速地从一家媒体传播到另一家。当人们在不同渠道中看到相同的信息时，他们就更加确信这件事是真的了。更有甚者，他们的朋友读到的也是相同的报道，所以没人质疑这个观点。于是，有缺陷的共识很快出现了。

事实核查也不能解决问题。绝大多数出版商要靠作者自行核查，如果素材都核查过了，那么整个过程往往就会变成对最明显的错误的搜寻，比如日期、人名、可能导致昂贵诉讼的诽谤表达，等等。

有时候，尤其是在截稿日期临近的情况下，事实核查就会做得很粗疏。有一次，我翻过一本接连几周高居《纽约时报》畅销榜单第一名的书，结果发现书中又重复了"我们只用了10%的大脑"这种可笑又错误的陈词滥调。

况且，事实核查也未必客观。做事实核查的工作人员和记者也是生活在真实世界里的普通人。和我们一样，他们也会代入自己的政治观点与意识形态偏见。自由派倾向于仔细审查右派，保守派倾向于仔细审查左派——与此同时，他们都会对自己人放松标准。

我们绝大多人都没时间去阅读和消化那些涉及生活方方面面的科研报告，即便真的看了，可能也不知道该留心哪里，该问什么问题。

于是我们转向了专家的观点。不幸的是，网络上到处都是所谓的"专家"，个个都宣称自己发现了真理。在网上，"专业"二字已经成了可以自封的认证标签，一个人说自己是"专家"，就真的是了。极度渴求关注度的媒体求助于一群可信的"专家"，但这些人偏爱的是一致性而不是准确度，他们更喜欢满满的自信，不愿探究其中微妙的因素。

在狼獾的错误信息面前，我们该相信谁？该如何分辨误导性的信息，把有用的跟无用的区别开？

所有伟大的思想者都必须拥有一个欧内斯特·海明威（Ernest Hemingway）所说的"防震内置式胡扯检测器"。在下一节中，我会分享我平时使用的检测方法，这是我个人爱用的办法，也就是说，它未必适用于所有人。把你觉得有用的拿走，余下的做做修改，或是搁在一边。而且，不要把它当成某种智识上的消毒手法——灭掉一切细菌，也把一切变得索然无味。相反，把它视作一个有趣的解谜游戏吧。目标是带着好奇心和怀疑精神，质疑你读到的东西，从过时的世俗观念中挖掘出埋藏的宝石。

防震内置式胡扯检测器

练习"充满怀疑精神的好奇心"。支持作者观点的事实有哪些？作者是从哪里获得这些事实的？要警惕以"科学表明"或"研究显示"开头的句子，还有那些没有引证出处的句子；把低质量的援引过滤掉（没错，我说的"低质量"，指的就是诸如"为了长寿，你每天应该吃的8种令人震惊的超级食物"这种排在谷歌搜索结果前列的东西）。

问问自己，**如果我可以与这个作者对谈，我会问什么问题？如果我要和他辩论，我会提出什么观点？** 以早餐研究为例，问题可能包括："不吃"早餐的具体意思是什么？如果一个人到中午才吃早餐，算不算"不吃"？受试者吃的是什么？这些食物对患心脏病的概率有何影响？

警惕那种绝对的、毋庸置疑的口吻。科学与真理并非一成不变。科学家下结论的时候，"重点不在于这个观点是对还是错，而在于对或错的可能性是多大"，理查德·费曼如是说。当心那种语气斩钉截铁的专家，他们总想用洪水般汹涌的自信和夸张的手势，把所有的不确定都抹杀掉。当心那种适用于所有人的论调（"对每个人来说，早餐都是最重要的一餐""冥想是万能疗法"）；当心那些不承认自己的观点有局限的作者，他们会忽略微妙因素，也不会援引那些可能质疑自己结论的研究结果。

警惕那些使用陈词滥调或泛泛而谈的信息源。下面就是一家公司致股东信里的话："我们的优秀人才、全球地位、财务力量与广博的市场知识，创造出了我们可持续的独特业务。"这句话洋洋洒洒一大串，却又什么都没说。何为优秀人才？市场知识是怎么个广博法？"财务力量"究竟是什么意思？业务的独特之处又在哪里？

这种宽泛的言辞往往是用来遮掩漏洞的。写出上面那段话的是安然（Enron）公司的两位高管肯尼思·莱（Kenneth Lay）和杰弗里·斯基林（Jeffrey Skilling），时间是 2000 年。一年后，公司破产，两人后来被诉联邦犯罪。

作者会因此论断而获利吗？他们是不是投资了所推广的产品？就像麦片品牌方宣扬早餐的好处，或是网络"名医"兜售自家的"健康补品"？

比如说，医药方面的研究往往会获得医药公司的支持。以《新英格兰医学杂志》（*New England Journal of Medicine*）为例吧，这是世界上最有声望的医学期刊之一。该杂志一年中刊登的 73 篇关于新药的研究文章，有"60篇受到一家制药公司的资助；50篇与制药公司雇员合写；37篇的第一作者（一般都是学界人士）曾经接受过制药公司某种形式的补助，比如顾问费、津贴或演讲费"。

利益冲突不只发生在学术界，政府组织中也会出现。比如说美国国家胆固醇教育计划（US National Cholesterol Education Program），这个机构负责制定胆固醇指标的官方指南。2008年，在负责制定指南的9名专家组成员中，有8名与抑制素制造商有直接关联——如果专家组制定出较低的胆固醇指标，这些制造商将赚得可观的利润。

这些关联未必一定会影响结果，但是，"吃人嘴软，拿人手短"。厄普顿·辛克莱[①]那句名言说得好："如果一个人是因为不懂某件事而拿薪水的，那你就很难让他搞懂那件事。"

警惕相对风险。早餐研究中指出，不吃早餐会将心脏病致死的风险提升87%，这个数字好大！但原始数据呈现出来的就是另一回事了：在吃早餐的人中，3862人中有415人死于心脏病（10.7%）；在不吃早餐的人中，336人中有41人死于心脏病（12.2%）。媒体报道的87%是相对风险值，听上去很夸张，而实际的绝对风险要低得多（1.5%）。马克·吐温（Mark Twain）说得好："谎言有三种：谎言、混账谎言、统计数字。"

有谁不同意这个观点？ 有很多文章只呈现出单方观点。例如，前文引用的对早餐研究的新闻报道中，没有一篇提到反方观点。你需要

---

① 厄普顿·辛克莱（Upton Sinclair，1878—1968），美国现实主义小说家。小说《屠场》描写大企业对工人的压榨和屠宰场的不卫生情况，引起人们对肉类加工质量的愤怒，并导致美国制定了相关卫生法规。

能呈现多方观点的信源，来对冲错误信念的风险。

一个窍门是调研完全对立的论点（在你独立思考过后）。比如，你想研究一下"早餐是一天中最重要的一餐"这件事，单单把它变成问句——比如"早餐是一天中最重要的一餐吗？"——还不够；相反，你应该搜索"早餐**不是**一天中最重要的一餐"。如此，你就会看到一些容易被人们忽略的观点。

别欺骗自己。你是不是很想相信正在看的东西？如果是，那就要小心了。要非常非常小心。如果你很享受每天吃早餐的感觉，那你很可能会相信它就是一天中最重要的一餐——并且无视所有的反方观点。如果某些现象符合我们的固有偏见，潜意识就会激活确证偏误系统，把它们标为"证据"。然后，我们会把一切挑战信念体系的观点称作假新闻。

说到底，作家安德烈·纪德（André Gide）说得对："相信那些正在寻求真理的人，怀疑那些已经找到了的。"

寻求真理是一个持续不断的过程。没有所谓现成的答案。很多情况下，你会发现互相冲突的结论，以及越来越浓重的不确定感。

但是，让人不舒服的不确定感，比让人舒舒服服的错误强得多啊。

真理是不断变化的

"吸烟区还是非吸烟区？"

这很像是欧洲餐馆里的领班问出的话。

但其实不是。那是 1999 年，父母正带我登上土耳其航空的飞机。

吸烟区还是非吸烟区？

我父母选了非吸烟区。选得对呀，我心想。

但我很快就发现了两个事实：第一，烟雾不是静止的，它会飘来飘去；第二，在机舱这种经过特别设计的空间里，空气更容易流通，因此烟雾飘散得尤其快。

如今看来，在飞机上吸烟真是件荒谬的事。可就在20年前，我们居然会允许乘客在航班上吸烟！先不说二手烟对非吸烟区乘客造成的巨大危害，如果在飞行过程中因烟头造成了火灾，对机上的每一个人都是不健康的吧？

让我们再穿越回更久远的年代。

在20世纪早期，医生和牙医是最热情的香烟推销员，他们为之背书，说烟卷可以帮助消化，维持体能康健，消除压力。"一流的耳喉科专家推荐菲利普·莫里斯（Phillip Morris）牌。"一则广告这样写道。另一则写着："医生都抽骆驼牌（Camel）！"

今日的许多管制药物，在从前是家家都有的普通物品。正如阿耶莱·沃尔德曼（Ayelet Waldman）所写的，"在20世纪初，阿片类药物和可卡因都很容易买到，也经常被人使用。在西尔斯罗巴克（Sears Roebuck）公司的商品目录（它就像今天的亚马逊网站）上，就印着带有注射器和小瓶装海洛因或可卡因的工具包，还附有便携手提箱……事实上，直到1929年，可口可乐里才去掉可卡因，此后，它就只能靠咖啡因让顾客精神起来了。"

再想想大陆漂移学说——地球上的陆地曾经是连在一起的整块，后来裂成碎片，渐渐地漂走、分开。这个理论是阿尔弗雷德·魏格纳（Alfred Wegener）想出来的，他是个气象学家，是地理学的门外汉。魏格纳首次提出这个理论的时候，引起了轩然大波，地理学家们都斥责他荒谬——因为他们都认为大陆是稳固不动的。专家们指控魏格纳用"精神错乱的狂言"以及"板块移动与极点漂移之疫症"来兜售伪科学。杰出的美国地理学家罗林·托马斯·张柏林（Rollin Thomas Chamberlin）甚至对这一理论连听都不愿听。他写道，要是相信魏格纳的理论，"我们就得忘记过去 70 年来学到的一切，彻底从头开始"。

可这就是科学的发展方式啊，罗林。随着时间流逝，"不对的变成对的，对的变成不对的"，俄罗斯画家瓦西里·康定斯基（Wassily Kandinsky）如是说。有些人认为，这种自然节律是不相信科学的理由，但我认为，这恰恰是热爱科学的理由。

热爱科学，并不意味着把它奉为教条，那些言必称科学的人可能正是科学的头号敌人，他们的破坏力最大。每次当我听见有人说"因为科学是这么说的"，我就忍不住想皱眉头。这是一种智识上的暴政——它扼杀了好奇心和怀疑精神，而不是激发它们。

科学不是一成不变的。它并不是一套被彻底了解的、不可撼动的事实。事实上，它就像大陆板块一样，会随着时间发生漂移和变化。今年我们了解到的是这样，到了明年可能就变了。即便一个理论被人们广泛接受了，新的事实也有可能浮现出来。于是理论需要完善，或者被彻底颠覆。正是因为这样，科学界最大的奖项比如诺贝尔奖，就是颁发给那些不断发现新事实、推翻现有理论的人的。

科学，正如卡尔·萨根所说，"是一种思维方式，而不是知识本身"。它是带着好奇心和怀疑精神去探索的过程，是不断地质疑，是寻找真理的方法——而不是真理本身。

在科学中，我们基于研究来判断真与假、对与错，而不是基于权威。你的名字后面跟着多少头衔，你拿过多少张名校的毕业证书，被几所权威机构认证过，这些都不重要。你还是要遵循同样的科学过程。你必须亮出成果，证明你的观点，并允许其他人验证或推翻你的结论。

有一次，理查德·费曼收到一个本科生写来的信。在一次物理考试中，她答错了一道题，但那个答案源于她在费曼写的一本教科书里看到的一个结论，于是她就写信给费曼提问。费曼在回信中承认自己错了："我不太记得当初是怎么想的了，但我干了件蠢事。"随即他补上一句，"你也干了件蠢事，因为你相信了我。"

费曼的意思很明确：教科书上写的，不一定都是对的——就算作者是费曼本人。你不能仅凭"这是从教科书上看来的"，就相信了它。身为学习者，你的职责就包括质疑你读到的东西，而不是简单地死记硬背。在1966年的一次讲话中，费曼说："科学精神，即相信专家也有不懂的东西。"他提醒人们，"坚信先前最杰出的导师们一贯正确，这很危险。"

这不是反智，也不是对逻辑的攻击。无知不是美德，但是，当我们把自己的公民职责彻底外包给权威人士，当我们懒得去评估证据，懒得用事实和深入的思考去武装自己，就无异于缴械投降。如果我们总是不去使用批判性思维，它会萎缩的。

在科学中，没人拥有垄断的权力。科学是一个过程，不是一门职业。科学探索不止发生在实验室里，它不该被局限在演讲厅中，也无关门第与派系。科学探索唯一的条件就是有个灵活机敏的头脑，愿意带着好奇心和怀疑精神面对一切想法——尤其是你自己的想法。

伪科学家一门心思想着证明自己是对的，而不是去寻找什么是对的。他未经客观思考，就断然否认某些观点。他认为一切都是固定的、一成不变的。他没有实验室，不需要去验证自己的观点，也提不出容许别人证伪的假说。

不是只有似是而非的 YouTube 频道上才有伪科学家,每一个不愿听异见的政客都是伪科学家,每一个认为异议就等于不忠的 CEO 都是伪科学家,每一个就算看见了相反的证据也不愿改变想法的人都是伪科学家。

在科学中,前后一致并不是美德,自我确证容易导致自我欺骗。如果我对某个主题还不曾改变过想法,那么我就还什么都没有学到。如果你还在反刍五年前学到的东西——其实一年前的就够久的了——那么你该停下来反思一下了。据说蒂莫西·利里①这样说过:"你有多年轻,就看上次你改变想法是在什么时候。"

单是心态开放、愿意改变想法还不够,真正重要的是,你对此有热切的渴望。热切,意味着你会主动地检视自己的想法;意味着你会主动搜寻那些能证明自己错了的信息;这意味着,当你发现自己出错的时候,非但不会生气,反而会很高兴。

这能帮你卸下重担。你不必再把心力耗费在保护小我或欺骗自己上,然后一直错到底。你可以像一个充满好奇的科学家一样行事,体验到获得意外发现时的惊喜。

真理(truth)是活的,它四处游走,没有最终的栖息之处。你现在深信不疑的某些东西,过一阵子之后就有可能变成错的了。

你想知道那些错误的答案是什么吗?还是想证明自己是对的?

这两个你只能选一样。

---

① 蒂莫西·利里(Timothy Leary,1920—1996),美国著名心理学家、作家,因晚年对迷幻药的研究而知名,颇具争议。

没错,确实有蠢问题

我刚当教授那会儿,上课时总会时不时地停下来问大家:"有谁有问题吗?"

十次里面有九次,没一个人举手。然后我就继续讲下去,一边得意地想,看我把课讲得多明白啊。

但我错了。考试结果清晰地表明,有相当多的学生没明白。

所以我决定做个试验。我不再问:"有谁有问题吗?"而是改成了:"现在我来答疑。"或是更好的版本:"咱们刚才讲到的东西很不好懂,我相信很多同学有问题想问,那现在开始吧。"

举手的人数大大增加了。

我意识到,"有谁有问题吗"是个愚蠢的问题。我已经忘记了,让一个对自己的聪明脑瓜很自豪的学生当着一群同学的面承认自己没听懂,这该有多难啊。

修改过后的问法让举手变得容易了。我清楚地告诉他们,课程内容很难,所以我期待大家提问。这样一改,我期待的结果(让学生们多提问)就变成了常态,而不是例外。

在教室之外,我们也常常问出愚蠢的问题。

如果你问一个新员工:"到目前为止,一切都顺利吧?"你其实并没有询问他们的看法,而是在表明态度。你真正的意思是,"我相信一切都很顺利"。绝大多数情况下,这个"问题"只会让新员工顺着你的话茬往下说,而不是透露他们的真实感受。

如果你问团队成员:"现在你有困难吗?"绝大多数人会说没有。

他们会担心，如果点头称是的话，会显得很没本事。如果你这样问："现在你遇到了什么困难？"那你多半能得到诚实的答复，因为这个问题假定遇到困难是常态，不是例外。

研究结果支持这一点。在沃顿商学院做的一项研究中（名字起得很聪明，叫作"世上真有蠢问题"），受试者需要扮演销售员的角色，卖掉一个iPod。他们被告知，这个iPod的系统崩溃过两次，里面存的音乐全都被抹掉了。研究者们感到好奇的是，在一场角色扮演的销售谈判中，什么样的问题能让卖家坦白承认产品有毛病。他们让潜在买家尝试了三个问题。

"跟我说说这个iPod的情况？"

——面对这个问题，只有8%的卖家坦白承认了。

"它没毛病吧，是不是？"

——坦白的比例升高到了61%。

"它有什么毛病？"

——对此，89%的卖家说了实话。与前两个问题不同的是，这个问题已经假定这个iPod有毛病，因此卖家说出了实情。

沃纳·海森堡（Werner Heisenberg）——量子力学中的"不确定性原理"就是他提出的——说得对："我们观察到的并不是大自然本身，而是在我们的提问方法之下，它所展现出来的东西。"

当我们重构一个问题——当我们改变了提问的方式——的时候，也就改变了结果。

带着问题生活

我想暂时停下正在做的事,站上讲台,当着 90 名学生的面,为她鼓掌。当时,我正在一个大演讲厅里讲宪法课。我们正在探讨"商业条款"的复杂之处,一只手举了起来。

"我一点都没听明白,"那名学生显然很惶恐,"我彻底蒙了。"

我想站起来给她鼓掌。

这是勇气之举。她做了一件我们绝大多数人不敢做的事:承认自己不懂或没听明白。

这是谦逊之举。当我们说出那可怕的四个字——"我不知道"——我们的小我泄气了,但胸怀打开了,耳朵也竖起来了。

这也是同情之举。当她举起手来,她不仅仅是在为自己发声,也在为跟自己一样困惑的同学们发声。

面对生活,我们很多人已经感到力不从心,再承认自己无知,简直就是当众确认"我水平不够"。因此,我们不愿承认自己不知道,而是装出一副很懂的样子。我们点头,微笑,虚张声势地挤出一个临时拼凑出来的答案。

这种反应有一部分是我们的教育体系造成的。如果你在考卷上写下"我不知道",那肯定及格不了。在学校里,我们受到的教育是,"一切问题都有答案;能给出答案是好事——即便根本没有答案,即便你不理解问题,即便那个问题包含着无数假设,即便你不了解回答问题所需的事实"。正如尼尔·波兹曼所说的那样。

"急中生智"是对智力的最高褒奖之一。但速度不等于可信度,自信也不等于专业能力。

畅销书作家马尔科姆·格拉德威尔（Malcolm Gladwell）把自己的好学天性归功于父亲在智识上的谦逊：

> 我父亲没有一丝智力上的不安全感……他压根就没想过别人可能会认为他傻。他根本不操那个心。所以，如果他对某件事情没搞懂，他就会直接问你。他完全不在乎这会不会显得自己蠢。（如果我父亲遇见麦道夫①，）他绝对不会投钱给他，因为他肯定会说："我不理解。"而且会说上100次。"我不理解这事为啥能成。"他会操着低沉的声调，慢吞吞地这样说。

尽管这种问题可能会让格拉德威尔的父亲显得有点蠢，但问题本身可不蠢。在他父亲看来，"我不理解"不等于"我不想理解"。正如艾萨克·阿西莫夫所写的："源自知识（知道你不知道）的不确定性，与源自无知的不确定性完全不同。"千万不要变成剧作《伽利略》（*Galileo*）里面的那位主教——他拒绝往望远镜里看，免得发现有星球围着太阳转。

也请你记住：提问不是为了尽快得到答案。有些问题不该消失，它们的任务就是一直在你身边盘桓，去"破坏"你，从内里改变你。

现在的你，是真正的你吗？

这是你想要过的生活吗？

---

① 指伯纳德·麦道夫（Bernard Madoff，1938—2021），曾任纳斯达克董事会主席，庞氏骗局的炮制者。

如果明天你会死去，你后悔没做的事情是什么？

你能耐心对待这些问题，不急着得到答案吗？这样的问题足以重新塑造一个人，说一句"我不知道"，允许它们留在你身边，给予它们所必需的时间——这样它们才会成为你的老师。

"带着这些问题生活吧。"就像诗人里尔克（Rilke）所写的那样，"或许在很久之后，在不知不觉间，你已经渐渐活出了答案。"

第十章　看向别人不看的地方

> 如果你不曾从生活中得到启发，说明你不曾用心留意。
> ——IN-Q，《在一起》（*All Together*）

别人看不见的靶子

1963年11月24日，克利夫顿·波拉德（Clifton Pollard）在早晨9点醒来。这是个星期天，可他知道自己多半要去上班。

妻子给他做好了培根和鸡蛋的早餐，可是一通电话打了进来。是他的主管，波拉德一直在等这个电话。

"波拉德，"主管说，"今天上午11点钟来一趟好吗？你知道是什么事。"

他非常清楚是什么事。他快速吃完早饭，离开了家。接着，他去往阿灵顿国家公墓（Arlington National Cemetery），花了一天时间，为肯尼迪总统（John F. Kennedy）挖好了墓穴。

肯尼迪遇刺的消息已经席卷了全球报纸的头条。李·哈维·奥斯瓦尔德（Lee Harvey Oswald）何许人也？为何事件发生当天，杰奎琳·肯尼迪（Jacqueline Kennedy）没把身上那件染血的粉色外套换掉？林登·约翰逊（Lyndon Johnson）继任总统后会做些什么？

在绝大多数记者看来，这些都是显而易见的、应该穷追不舍的问题。

但有一位记者的思路更好。吉米·布雷斯林（Jimmy Breslin）从大学里中途辍学，后来当了报纸专栏记者。他有个本事：专爱看别人不看的地方，找到绝不显而易见的独特观点。

肯尼迪总统的葬礼举行当天，和其他记者一样，布雷斯林也去了白宫作报道。在场的记者有上千个，得到的全都是一模一样的官方消息。"待在这儿可不成，"他心想，"人人拿到的东西都一样。"

于是布雷斯林决定离开白宫，到河对岸的阿灵顿国家公墓去。在那里，他找到了掘墓工波拉德。他采访了波拉德，写了一篇专栏文章，从一个为肯尼迪总统准备安息之地的人的视角讲述这次刺杀事件。凭借这个独特的角度，布雷斯林写出了一篇精彩的报道，从众多雷同的报道中脱颖而出——那些文章的写法几乎一模一样，得出的结论也几乎一模一样。

"他是个好人哪。"波拉德指的是肯尼迪，"现在他们就要来了，把他放进我挖的这个墓里。你知道，能做这事是我的荣幸啊。"他补上一句。

波拉德没有参加肯尼迪的葬礼。送葬的队列出发时，他已经到墓园的另一边去干新活儿了。他能拿到的报酬是每小时 3.01 美元：挖掘墓穴，收拾整齐，等着未来的主人使用（后来，波拉德自己也成为墓穴主人之一：他也被安葬在阿灵顿国家公墓，距他给肯尼迪总统挖的墓穴只有百步之遥）。

这篇关于"肯尼迪总统的掘墓人"的报道成了布雷斯林的代表作。寻找不显而易见的东西，这项本事让他的名字家喻户晓。后来他荣获了普利策奖，并主持了《周六夜现场》节目。

套用哲学家叔本华的句式：有才华的人能打中别人打不中的靶子，可天才能打中别人看不见的靶子。最出色的思想者会去非常规的地方寻找启发，他们有意地走出"白宫新闻室"，寻找"公墓"。

1970年以前，行李箱上一直缺失一个非常古老的发明——轮子。旅人们不得不吃力地对付那些又大又沉的行李箱：从车上弄下来，再一路拖拽进航站楼、飞机，终至目的地。轮子在其他物件上十分常见，可就是没有人把它们装到行李箱上——直到伯纳德·萨多（Bernard Sadow）出现。有一次，他看见一个工人用带轮子的板车运一台沉重的机器，于是得到启发，决定对行李箱也如法炮制。就这样，带轮行李箱诞生了。

想想网飞的诞生。回到1997年，网飞的联合创始人里德·哈斯廷斯还是个软件工程师。由于没按时归还租来的影片《阿波罗13号》（Apollo 13），他只得缴纳一大笔滞纳金。去健身房的路上，哈斯廷斯突然想到一个好主意。和绝大多数健身房一样，他要去的那家也采取会员费模式。"每月交30或40美元，你想锻炼多少次都可以。"他回忆道。那次顿悟为网飞的诞生埋下了种子。

只是看向别人不看的地方还不够，你还要琢磨琢磨为什么没人往那儿看。肯定有人知道轮子能帮助运送重物，也有人知道健身行业大多采用会员收费模式，但是没有一个人像萨多和哈斯廷斯那样想。他们之所以能看见别人错过的东西，部分原因是，在面对世界的时候，他们不只是被动的观察者。他们会主动地问自己，如何把一个行业里的创意运用到另一个完全不同的行业里去。"懂得如何观看，是发明之道。"画家萨尔瓦多·达利（Salvador Dalí）如是说。

想要找到不显而易见的创意，就要在看似平凡的地方寻找非凡。生活中充满了灵感的线索，但是我们都太忙了，没时间留意——我们把所有时间都花在了各自的"白宫新闻室"里。离开那个新闻室，去和世界交流，找到那位无人留意的掘墓工。

你遇见的每一个人都是你的老师。陌生人会带来陌生的智慧，他们知晓一些你不知道的趣事，而且那些东西永不会显而易见。去寻找它们，把这看成一场捉迷藏游戏。跳过那种浮泛的闲聊，试着提出这样的问题："最近什么事情让你感到特别带劲？""你与众不同的兴趣爱好是什么？""目前你正在做的最有趣的事情是什么？"（**我在给肯尼迪挖墓。**）

唯有在非同寻常的地方，你才会找到关联，并最终找到别人看不见的靶子。

追求便利的代价

> 要独立思考。否则别人就会替你思考，并且不会替你着想。
>
> ——佚名

如今，我们受到各式各样的媒体对消费建议内容的侵袭，它们都是被精妙的电脑算法量身定制出来的，目标就是最大限度地吸引观众。

这些算法的目的并不是拓宽我们的视野，而是迎合我们所谓的"喜好"。我们也可以去四处搜寻其他选择,但时间和精力总归有限,于是,我们就径直打开网飞上"最受欢迎"的影视列表,开始追看《养虎为患》(Tiger King)。渐渐地,我们的输入"带宽"收窄了,智识的视野变得越来越狭小。

我们甚至用不着去想接下来该看什么。流媒体服务已经替我们卸下了这副"重担",它们会自动推荐一部算法认为我们会喜欢的新影片,你好啊,《印度媒婆》(Indian Matchmaking)。

算法不关心内容的质量,它们只关心你的注意力——得到它,留住它。在我们这代人里,有一批绝顶聪明的头脑把绝大多数时间都花在这件事上:确保你不断观看,不断点击,不断刷新。

算法不只是报告潮流而已,它还能创造潮流。它创造出一个为你量身定制的现实,不仅能影响你看待世界的方式,也能影响你看待自己的方式。通过把某些利润更丰厚的推荐排在前面——把某些歌曲、影片、书籍或播客放在首页——它塑造了你对观看、阅读与关注的选择。

我们为这种便利付出的代价,就是把选择的自由拱手交出。我们被关进了智识的囚笼,却丝毫没有觉察到。

囚禁我们的不只是算法,还包括每一个令人感到便利的捷径。在铺天盖地的内容面前,我们转向各式各样的"十大"榜单、畅销书、爆款大片。我们寻找最热门的东西——最热门的商品、最热门的工作、最热门的数字货币。我们假定,流行就等于质量好——大家都想买的东西肯定比无人问津的好啊。

但流行未必意味着更好。流行仅仅意味着,比起别的选择,绝大多数人更喜欢这一个。

在许多情况下,决定流行的甚至不是大多数人。书籍还没上市的时候,出版商就会预先判定哪些选题的成功概率大,然后把营销费用花在它们身上,确保它们被摆放在书店最显眼的位置。唱片公司挑出播放次数有可能最多的歌曲,留给主播的选择很少。当你上网搜索媒体内容时,算法会给你推送已经卖得很好的书籍、影片和专辑,于是就会有更多人购买,它们的销量就更高了。

这形成了一个残酷的循环。"畅销货之所以畅销,是因为它们是畅销货。"记者亚历山德拉·奥尔特(Alexandra Alter)这样说。

报纸的运作方式也差不多。它们密切追踪哪些文章被人阅读和转发,哪些能促使人们付费订阅。没那么受欢迎的文章要给点击率高的让道。安德鲁·戈勒姆(Andrew Gorham)曾在加拿大最受欢迎的报纸之一《环球邮报》(*The Globe and Mail*)当编辑,他解释了流行的做法:"你看着数据分析,心想,天啊这篇文章的点击率可真高,咱们要推一推。把它发到脸书上,放到首页上,再加到推送和速递里去。"他补上一句,"要是不把它压干榨净,它就蒸发不见了。"

对流行的无情压榨,令人们付出了巨大代价。生活沦为高中校园里的人气竞赛,最受欢迎的孩子变得愈发受人欢迎。我们对流行内容看得越多,与现实的偏差就越大;那些挑战传统叙事的、不受欢迎的论述,迅速从交流中消失了;独立记者不受待见;没有大平台可依靠的作者很难拿到出书合同。

等到一个观点流行起来,它就不再稀缺了。在每一个平台上,你都能看见同样的观点、同样的报道、同样的俏皮话,它们被不断地反刍、重复,换上不同的诱人标题——为了最大限度地让人点击,吸引眼球。流行观点就像时尚潮流一样传播开来,直到你在每一个街角都能看见一模一样的 T 恤衫。这就是为什么如今的畅销书已经变成了时尚宣言。有时候人们买书不是为了看,而是为了传达一个信息:他们是会买这类书的人。随后,那本书就变成了书架上的装饰品,无人问津。

套用村上春树的句式:如果你看的东西跟大家一样,那么你想的东西也会跟大家一样。如果你跟其余 1000 个记者一样,都跑去白宫提出同样的问题、获得同样的答案,那么你写出的文章肯定也跟他们一模一样。

非凡的想法往往是从被人忽视的想法中生发而出的,而被人忽视的想法不会大张旗鼓地出现在《纽约时报》的头版上(要是它能出现在那儿,也不会被人忽视了)。如果你想从一群大厨中脱颖而出,要么就去烹煮新异的食材,要么就用从未有过的方式把常见食材搭配在一起。

要脱离"便利"的暴政统治,并不需要你做出激进的改变。你用不着戴上贝雷帽,只听自命不凡的人推荐的音乐,或是只看文艺片(**这电影配了字幕啊,那肯定是文艺片**)。你只需要有意识地觉察自己看的是什么、读的是什么,然后作出自己的选择,而不是让其他人替你做。

相应地,这需要你回答一个简单的问题——但绝大多数被算法投喂惯了的人都发现这个问题极难回答——我真正想要了解的是什么?我(而不是其他人)感兴趣的是什么?

一旦你想清楚了自己想了解什么,你就能转向没那么光鲜耀目的信息源,去寻找那种尚未形成轰动的开创性想法、位于前沿的学术论文、拥护者还不太多的科研发现、未能进入主流视野的影片,以及曾经极具影响力、但现在已经绝版的好书——你只能在图书馆和二手书店里找到它们,Kindle 的包月电子书服务里可没有。

你是不是一直想对乡村音乐多了解一点？肯·伯恩斯（Ken Burns）拍过一部绝佳的纪录片。想对电影的创作过程多了解一点？看看《顶级导演》（*The Director's Chair*）。在这部系列片中，导演罗伯特·罗德里格兹（Robert Rodriguez）采访了众多电影人，请他们讲述自己的技与心，这是我最喜欢的剧集之一，但你多半从来没听说过它，因为它是在一个寂寂无闻的、叫作 El Rey 的频道上播出的。

去逛独立书店，略过"畅销专区"不看，让好奇心和缘分带领你找到想看的书。从架上随机拿下书来翻翻，买下吸引你的那几本。

到 Substack① 上订阅独立记者撰写的文章。

去报摊买一本你从没买过的杂志。

没错，这些事情都不便利。但唯有通过这些不便，你才能找到多种多样的输入渠道，而它们会拓宽你的思路，激发你的想象力。

一味求新的代价

2019 年，照片墙扔下一颗重磅炸弹。这家公司宣布要做一个试验：隐藏点赞数量。用户们以后再也看不到那颗小小的心形标记了——它能显示有多少人喜欢自己最新发布的自拍。

做这项改变的原因是？为了创造"一个没那么大压力的空间"，照片墙的负责人亚当·莫塞里（Adam Mosseri）解释道，"我们不想让照片墙变成一个充满竞争的赛场"。在没那么无私的层面，这项举

---

① Substack 创立于 2017 年，是一个自媒体式的内容发布与传播平台，通过简单易用的电子邮件创建工具，创作者可以简便地独立写作，与读者直接建立关联。为了方便理解，有中国传媒研究者将其描述为"美版公众号"或"美版订阅平台"。

措也能鼓励更多的人更频繁地在照片墙上发布图片——因为希望每个帖子都能获得更多点赞的压力减轻了——于是，用户的每日活跃度增高，而这正是潜在利润的来源。

听闻这个消息，"不高兴"三个字都不足以描述众多照片墙"网红"的反应。对"网红"来说，点赞就是金钱。让"网红"们吸引品牌方、拿下合同的，正是公之于众的点赞数。而这个试验举措一出，这项数据就要被隐藏起来了。

这条官宣消息把众多"网红"推到了绝望的边缘。他们威胁要抵制照片墙，还贴出了愤怒的自拍视频（讽刺的是，视频发在了照片墙上）。"我为此付出了心血、汗水和眼泪，可现在它要被夺走了。"一个墨尔本的"网红"这样写道，"受伤害的不止我一个人，我知道的每一个品牌和公司都受到了伤害。"

当你和照片墙这样的平台签约时，相当于谈定了一桩浮士德式的交易。为了换取时髦光鲜的设计和便利的观众群体（他们在一天中的任何时段都可能光顾这个平台），你把所有的掌控权交给了平台。而这个平台可以单方面地修改政策，隐藏点赞数量——基本上它想做什么都可以，即便那个行为会终结你的生意或影响力。

我们很容易注意到新东西。从进化观点来看，这是有道理的。当我们所处的环境发生变化时，这可能意味着潜在的威胁。这就是为什么你能立即注意到家门口停着一辆白色旧货车，却会忽视一棵你经过了上千次的、熟悉的树。

许多人认定，要想进步，就要敞开怀抱欢迎新东西。"你要上推特去圈粉！热度都在那边。""一定要去注册Clubhouse[①]，去丢几颗智慧炸弹。""不上色拉布（Snapchat）[②]？那代价你可承担不起。""脸书和照片墙已经死了，现在TikTok[③]才是最火的。"

新东西是可见的，而人们在很大程度上认为，可见就等于有效。但是，社交媒体极少会让人变得出名，它只是反映出他们的名气已经有多大。

新东西往往不持久。照片墙每天发布9500万张/条图片和视频，推特上每天流转着5亿条推文，其中又有多少不是转瞬即逝？我们看帖子，点赞，然后迅速遗忘它们。可即便如此，我们依然无休无止地追逐这些昙花一现、稍纵即逝的东西。

今天的热门爆款，到明天就无人问津。如果任由最新的热潮来指导自己的行为，你做出的东西只会有极短的保质期。投资那种愈老愈醇熟的东西，你才会收获巨大的价值。

我把这称作乔治·克鲁尼效应：对人生中的某些事物来说，时光是资产，而不是负债。

这也是亚马逊的杰夫·贝佐斯（Jeff Bezos）的人生信条。"我经常听到有人问：未来10年内，哪些东西会改变？"他说，"可我几乎从没听过有人问：未来10年内，哪些东西不会变？"更合理的

[①] Clubhouse在2020年3月上线，它在功能上由一个个语音聊天室社区组成。加入聊天室不需要主持人同意，点击就可以加入，房间里的所有人都可以"举手发言"，主持人同意后就可以上麦聊天。用户只能通过语音连线与彼此沟通，不能录音与录屏，听后即焚。

[②] Snapchat是一款"阅后即焚"照片分享应用。利用该应用程序，用户可以拍照、录制视频、添加文字和图画，并将它们发送到自己在该应用上的好友列表。

[③] TikTok是字节跳动旗下短视频社交平台，是"抖音"海外版。

做法是投资那些不会变的东西——哪怕是 10 年之后，人们依然会关心、依然会使用的东西。

回到 2016 年，当时我正要搭建自己的线上平台，我问了自己同样的问题：哪些东西**不会变**？把时间投入社交媒体去获取粉丝，这个做法很有诱惑力。毕竟，社交媒体非常公开，而且人们倾向把点赞数和粉丝数跟受欢迎程度画上等号。而且，在社交媒体上吸引到一个新粉丝，可比拿到人家的电邮地址容易无数倍。

但我放弃了社交媒体的便捷与公开，还是决定写博客，并把时间投在邮件列表上。而且，我在**自己的**网站上开博客，没有使用像 Medium① 这样的第三方平台。我有自己的读者邮件列表，每周给大家发送一次简报——我没有允许中介来支配我与读者的关系（更糟的结果是，把用户"连锅端走"）。

我是这样考虑的：我用来搭建平台的服务——基本上就是网络和电子邮件——不会在短期内发生变化。自从 20 世纪 90 年代以来，这两者就已经普及了。放弃脸书的美国用户有数百万之多，可没人放弃电子邮件。

今天一些最热门的服务，看起来好像会永远存在，但其实并不是。还记得 Friendster、AOL Instant Messenger、Myspace 或 Vine 吗？这几个服务的规模都曾经极其庞大——直到不再如此。如今我们已经很难回忆起大家当初为何那么迷恋它们了。

由于"昙花一现"的天性与变幻不定的商业模式，这些科技服务

---

① Medium 是一个轻量级内容发布平台，允许单一用户或多人协作，将自己创作的内容以主题的形式结集成专辑，分享给用户进行消费和阅读。

无法成为全押式投资的好对象。使用它们没什么不好，只要你把投资分散开，并且把主要资源投到那些能经得住时间考验的服务上去。全部依靠照片墙来圈粉，就相当于买股票时把所有的钱都投到同一只股票上。这简直是在招致灾祸啊。

我们之所以会被新东西吸引，背后还有一个错误的假设：一个想法若能称得上"创新"二字——我也用用这个时髦词儿——那它必定是全新的。我刚开始写作的时候，这个假设简直害得我动弹不得，因为每当我自认为想到了一个"新"想法，最终总会发现已经有人写过了，于是我就把它放弃掉，重新再去寻找那头行踪不定、名叫"原创"的独角兽（当我以为瞥见它的时候，它就又消失不见了）。

但原创未必等于全新。"你从哪儿得到的不重要，重要的是你把它带到哪儿去。"导演让-吕克·戈达尔（Jean-Luc Godard）这样说。一旦你在业已存在的观点中加入自己的东西——一旦你把自己的独特视角与之糅合起来——它们就会变成原创。没人能用你的一双眼睛看待这个世界。"写出一个真诚的句子"——这就是海明威给灵感受阻的作者开出的药方，这也是找到自己的声音的关键。如果你说出的是自己的真理——如果你分享出来的是自己真正的所见、所感、所想——那就会是独一无二的、只属于你的东西。

你肯定听说过 déjà vu 这个词，即"似曾相识"——明明身处一个陌生的空间或情境，却感到非常熟悉，就好像曾经经历过一样。其实还有一个跟它对应的反义词 jamais vu 即"视旧如新"——看到一个熟悉的事物，却用崭新的方式去体验它。

"视旧如新"是创造力的关键。许多原创想法都源于从回溯中寻找灵感，在旧事物中发现新东西，或者说，用别人没用过的方式看待事物。古早的艺术作品"之所以与现今的世俗观点对立,纯粹是因为它们不是现今的作品",威廉·德雷谢维奇①这样说。比如说,比起摆在畅销书区域的热门新书,早前出版的书籍会提供相当不一样的观点。所以,与其去读关于进化论的最新著作,不如重拾达尔文的《物种起源》(On the Origin of Species)。你会发现别人错过的洞见,因为他们都在关注簇新耀目的新书呢。

回溯,也意味着重读你之前读过的书。重读不是浪费时间。每次我重读一本书的时候,读书的人已是新人了。书没有变,但我变了。我会发现第一次读时错过的细节,而且,由于我现在所处的人生阶段不一样了,书中有些观点开始与我相关了。

所以,不要只问"有什么新东西",也要问一问:"有什么旧东西?10年之后,有什么东西依然还在?"

如果你的目标是创造出经得住时间考验的观点,请记得乔治·克鲁尼效应:关注那种愈老愈醇熟的东西。

断章取义的代价

罗伯特·弗罗斯特(Robert Frost)的《未选择的路》(The Road Not Taken)是史上最受欢迎的诗歌之一。如果看诗名你还没有印象,那末尾这一小节你肯定知道:

---

① 威廉·德雷谢维奇(William Deresiewicz,1964—),美国作家、评论家、演讲人,毕业于哥伦比亚大学,在耶鲁大学担任过英文教授。著有《优秀的绵羊》(Excellent Sheep)一书,探讨美国精英教育的误区,引起广泛关注。

> 多年之后，我将叹息着把往事回顾——
> 林中分出两条路，
> 我选择了少有人走的那一条，
> 由此走出了迥异的旅途。

这首诗被人们广泛引用，从汽车后保险杠的贴纸，到机舱购物杂志《天空商城》（*SkyMall*）里的插页海报，随处可见。它是个人主义与自主选择的宣言，我们选择自己想走的那条路——而不是别人为我们选的。

这首诗令人惊讶的地方不在于它的流行程度。让人惊讶的是，这么流行的一首诗，竟会被人误读到这种地步。

仔细审读这首诗，你会发现经常被人忽视的、极为重要的微妙细节。在前面的小节中，弗罗斯特提到，人们的足迹在两条小路上的踏痕其实一样。在接下来的小节中，他写道，两条路同样覆盖着落叶，"未经脚印污染"。换句话说，你分不出哪条路上走的人更多，选哪条其实都一样。旅人的后见之明——他选中了更好的、少有人走的那一条——只不过是自我欺骗罢了。

这简直是史上最讽刺的事之一：一首论及自我欺骗的诗作，衍生出了广为流传的自我欺骗。

我就曾是其中的一员。在大一那年的英语课上，我引用了这几行诗句，结果得到了教授的（善意）提醒：在怀着被误导的自信心引用诗句之前，应该先花点工夫读完全诗，稍微多琢磨琢磨。

我跟其他人一样，懒得读完整首诗，在没有顾及上下文的情况下就选摘了那几行"金句"。对这首诗的误读——以及更加广义上的误读——往往就是这样流传开的。

对于事实,我们懒得倾听、细读,甚至连快速浏览都做不到。相反,我们依赖选摘,但它无可避免地会导致断章取义。每一次对作品原意的扭曲,一旦经过报道和转发,就会被再次放大。一个作者诠释了原作者的作品,然后另一个作者又来诠释这种诠释,每多加一层,扭曲就加重几分。

一个讽刺网站有一次发表了一篇文章,标题是《研究显示:看科学报道时,70%的脸书用户只看完标题就发表评论了》。转发这篇文章的将近20万人做了什么?他们在社交媒体上按了转发键,其中许多人多半连看都没看。我们是怎么知道的?因为愿意点开这篇文章的人会发现,它是假的。整篇文章里面只有两个英文句子,余下的全是大段大段毫无意义的假词。

断章取义曾经引发美国历史上最糟糕的阿片类药物泛滥。1980年,赫谢尔·吉克(Hershel Jick)医生给《新英格兰医学杂志》的编辑写了一封信,信中只有五句话。吉克是波士顿大学医学中心(Boston University Medical Center)的医生,在他的医疗记录数据库中包含了"住院病人服用止痛药后成瘾"的数据。在那封信中,他报告说,成瘾现象很罕见。

后来的调查发现,吉克的报告是非正式的,而且数据面也很窄——只局限于此前没有药物成瘾史的住院病人。那封信被刊登在杂志的通讯栏目里,且未经同行评议。关于这封信,吉克本人也没有多想,他解释说:"在我做过的一长串研究中,它差不多排在最末尾。"

最初,这封信并未引起多少关注。可是在刊出10年后,它好似渐渐自行获得了生命。1990年,一篇刊登在《科学美国人》(*Scientific*

American）上的文章引用了这封只有五句话的信，称它是"广泛研究"，以此支持该文"吗啡不会成瘾"的观点。1992 年，《时代》（Time）杂志引用了这封信，将之称为"里程碑式的研究"，来说明人们对阿片类药物成瘾的恐惧"基本上毫无根据"。止痛药奥施康定（OxyContin）的生产商普渡制药（Purdue Pharma）也开始援引这封信，断言说，在服用阿片类药物的患者中，上瘾的还不到 1%。基于这一断言，美国食品和药物管理局（FDA）作出批准，如果合法地用于止痛用途，奥施康定可以将它的成瘾性描述为"极为罕见"。

这场传声筒游戏在极大程度上歪曲了吉克信中的发现。他的发现基于住院背景下、患者在短时间内服用阿片类药物的表现，并不涉及待在家里的普通患者长期服用的情况。但制药公司利用那封信来说服身处一线的医生：对于长期疼痛，阿片类药物是安全的；而且，如果不开这类药，无异于把患者置于非必要的痛苦之中。

没人想到，该去读读那封信的原话。

1999—2015 年，有 18.3 万人死于处方类阿片药物的过量使用，数以百万的人药物上瘾。信的作者吉克说："那些制药公司做出那种事来，却拿我写给编辑的那封信当借口，这让我倍感耻辱与难堪。"

解决办法是什么？

读完整首诗。

如果没有读完全诗，就不要引用其中的句子。

在这个"标题党"盛行的世界里——绝大多数人只看标题、无视内容——读完全诗，是你能做的最具颠覆性的事。

这会让你远远领先于那些懒得挖掘资讯源头的人。

你会看见其他人看不见的东西。

第十一章　我不是你的上师

> 我不能替你走那段路，任何人都不能，
> 你必须自己走。
> ——沃尔特·惠特曼，《自我之歌》

成功故事如何愚弄我们

现在是"二战"期间。

你接到了一项任务：保护在敌方领空飞行的美军战机。战机要承受猛烈的炮火攻击，有些能幸运返家，有些就起火坠毁了。战机上可以加装一个保护罩，你的职责就是决定把它安装在哪里。

以下是一些相关的事实：在安全返家的战机中，弹孔主要集中在机身，而不是引擎上。

知晓这个信息之后，你会把保护罩装在哪儿？

答案看似显而易见。受破坏的地方不是明摆着吗？应该把保护罩安装在那儿，因为那里应该就是飞机承受最多攻击的地方。

但是，一位名叫亚伯拉罕·瓦尔德（Abraham Wald）的数学家认为，正确的做法恰恰相反。他认为，额外的保护罩应当装在没有弹孔的地方，而不是有弹孔的地方。

瓦尔德看见了隐藏在所有人盲点背后的东西。他意识到，人们看到的只是从敌军炮火中幸存下来、安全返家的战机，而不是那些燃烧坠毁了的。

换句话说，幸存战机机身上的弹孔，显示的是飞机最结实的地方，而不是最脆弱的地方。毕竟，在机身被打成了筛子之后，这些飞机还能存活下来。飞机上最脆弱的地方是引擎，而这一点在幸存的战机上是看不出来的。人们之所以没有在幸存的飞机引擎上看见任何弹孔，不是因为那个区域不会被打中，而是因为被击中引擎的飞机都没能回来。

因此，瓦尔德提出，应该把保护罩装在引擎上。他的提议被迅速贯彻下去，在"二战"期间取得了非常好的成效。

这个故事反映的经验教训极为重要，应用范围远远超出战场。在日常生活中，我们关注的都是成功故事——即幸存下来的飞机——并试图去效仿它们。在学校里，我们学到的是从他人的成功中提炼出来的"最佳实践"。从非虚构作品区随便抽出一本商业书，你看到的很可能是从当今超级成功的创业者的经历中总结出来的制胜法则。

成功故事满足了大众对英雄的渴求，但它们也会误导人。我们看见的只是幸存者——而不是那些引擎中弹、再也没能回家的失败者。那些满怀热情搬到硅谷、最终却失败的创业者不会登上《快公司》（Fast Company）的封面；尝试了珍妮·克雷格（Jenny Craig）减肥法、却没能成功瘦下来的人，不会在广告中出现；那些被布兰森[1]、乔布斯、扎克伯格（Zuckerberg）们迷住、有样学样地从大学里退学的年轻人——他们放弃了上好的教育机会，到头来却陷在没有前途的工作中——这些人也不会上新闻的。

还有一种可能是，有些取得了巨大成功的人，并不是因为他们选择的人生道路有多么正确，而是尽管他们走上了那条路，到最后也还是成功了。或许，如果史蒂夫·乔布斯当初没从里德学院辍学，他会取得更大的成就；或许，健身广告里的女主角拥有六块腹肌，并不是因为那套锻炼方法或她推销的营养品很有效，而是就算她用了这些，腹肌也还在；或许那位一周仅锻炼一次还能在一个月内增肌20磅（约9千克）的男子，拥有某种你没有的超人基因。

"守门人"往往只把有限的、指向同一个结论的信息展示给你看。他们拿出实实在在的数据，光鲜耀目的推荐，以及看上去极有说服力、但只展现出故事的单一面向的资料，把你弄得目不暇给。可是，上了那套线上课程却没有从中得益的人是谁？不喜欢在那家公司工作、辞职不干的人们有哪些？比起简历上那些精心挑选出来的推荐人，还有哪些知情人能帮你更加准确地了解这位应聘者的情况？

成功故事也会低估运气的作用。安全返航的那位飞行员或许非常幸运，引擎上一颗子弹也没中；另一个家伙像烟囱一样抽烟，像水手一样灌酒，可还是活到了95岁。如果你学足了他们的样子——却在错误的位置挨了一颗子弹——你这架飞机就着火坠毁了。

请记住：所谓的"行业最佳实践"未必就是最佳实践，里面往往

---

[1] 指理查德·布兰森（Richard Branson，1950— ），维珍集团创始人。

包含着"把保护罩装在弹孔最明显的地方"这种行为。

当你就快对一个成功故事深深着迷的时候,暂停一下。提醒自己,你并没有看到全貌。对于这本书里讲到的成功故事,也请你运用同样的心态来认真审视。

总之,不要被显而易见的弹孔干扰。脆弱之处往往隐藏在看似好无损的表面之下。

梭罗的误导

1845 年,亨利·戴维·梭罗(Henry David Thoreau)踏上了著名的朝圣之旅:前往马萨诸塞州(Massachusetts)的瓦尔登湖(Walden Pond),住进森林中亲手搭建的小木屋。此去林中,是为了"刻意地、用心地生活",梭罗这样写道,"只面对生活中最基本的事实,看我能否学到生活要教给我的事,免得到了弥留之际,才发现我从未真正活过。"他打算像斯巴达人那样生活,一切靠自己,不要电力,也不要自来水。他将"吸吮出生活的全部精髓","把生活精简到最低限度"。

梭罗把自己的经历写进了《瓦尔登湖》(*Walden*)。这本书成为美国高中生的指定读物,其中的句子被好莱坞的电影引用,以说明自力更生的美德,以及人类与大自然的联结。

自从读过梭罗的森林朝圣之旅,我就十分艳羡,他的故事令我想起自身经历的匮乏。你瞧,我是个城里长大的孩子,住在伊斯坦布尔那不断向外蔓延的城区里——那儿生活着 1500 万人。我有一双柔软的、没有茧子的、作家的手。我的工伤就是被纸张割破了手(虽然这种伤口**也有可能**痛得要命)。要是把我放在瓦尔登湖畔的一个小木屋里，切断电源、自来水和无线网络，我根本就活不下去。因此，我特别敬佩梭罗这样的人，因为他们主动置身于简陋的生存环境中，蓬勃地绽放出生命的光彩。

但是，读到阿曼达·帕尔默（Amanda Palmer）的《请求的艺术》（*The Art of Asking*）之后，我的态度开始改变了。在这本书中，帕尔默披露了梭罗"自力更生"实验背后的一些小细节。原来，梭罗修建的那个小木屋离他自己家还不到 2 英里（约 3 千米）远——并不像书中暗示的那样，处于偏远的森林之中。他几乎每天都回到文明社会，因为康科德城（Concord）就在附近，走路就可以到。他定期去好友爱默生家吃晚饭。我最喜欢的部分来了：每个周末，梭罗的母亲都会给他送来新鲜出炉的糕点。历史学家理查德·扎克斯（Richard Zacks）总结得好："望周知：那位自然之子会在周末回到家，把家里的曲奇罐子扫荡一空。"

我说这些不是为了嘲笑梭罗（好吧，或许有那么一点）。我之所以说这些，是因为它们揭示了一个重要的教训：被我们奉为偶像的那些人，往往活得并没有那么传奇。写出低卡饮食畅销书的作者埋头大嚼的东西，能让你的欺骗餐显得健康无比（我亲自看见过这种情景，无数次）；著名的时间管理大师每天浪费一个小时去刷社交媒体。

这并不意味着他们的建议是错的，这只意味着他们也是人。这也意味着，你需要有所保留地对待他们说的东西，并且牢记那句非洲谚语："当一个赤身裸体的人递给你一件衬衫，你要当心。"

"网红"们的生活显得那么光鲜亮丽，是因为他们收了钱——用社交媒体的墙腻子盖住了他们中弹后的弹孔。要是梭罗生活在照片墙的时代，他或许会在亲手盖的小木屋门口自拍几张——但是"忘了"

拍下自己大嚼母亲送来的新鲜糕饼的样子。

举个例子吧：在这本书的背后，凝结着长达数年的工作，它们都被浓缩进了这 200 多页纸张中。你所读到的字句并不是自然而然从我笔下涌流而出的，它们经过了无数次修改。绝大多数糟糕的创意被抛弃了，留下的那些也经过了许许多多双能干的手，被一而再、再而三地不断打磨。

正是因为这样，我在直接面对读者的时候总有点发怵。我不可能符合你们的期望。我宁可你们见到的是那个好看得多、聪明得多也幽默得多，只活在字里行间的我。

据说西奥多·罗斯福（Theodore Roosevelt）曾经说过，"比较是欢乐的窃贼"。但"比较"的本事不止这一桩，它还会劫掠你的自信。我们拿自己与他人作比的时候，往往会感觉自己矮人一头，这是因为我们在拿自己跟一个幻象比较啊。那个幻象是精心修饰出来的，把一个相当不完美的人变成了一个看上去完美无瑕的版本。

网络消弭了我们与偶像之间的距离，也加剧了这种趋势。它允许我们追踪偶像的一举一动，不断提醒我们与偶像的差距有多大。可你艳羡的是他们发布在社交媒体上的生活，虽然接下来的话听上去令人震惊，可是，那种景象跟他们真正的生活并不一样。没人会花那么多时间去看印象派画作般的夕阳，也没人天天跟模特们去晒日光浴。

你在网上看到的好多东西都是假的。花 40 美元，你就可以买到 5000 个照片墙粉丝；花 15 美元，你的 YouTube 视频就能多出 5000 个赞。有人专做刷单生意，也就是让成百上千部电脑和智能手机不断地播放同样的内容，制造红火的假象。有人甚至在社交媒体上发假广告，不拿钱也给品牌做推广。为什么？"在'网红'的世界里，这就是街头信誉啊。"一个"网红"说,"你的赞助商越多,信誉度就越高。"

如果你渴求影响力或名声,你可能只看见了名利给人打开的门,却没看见它关上的那些。在关于泰勒·斯威夫特(Taylor Swift)的纪录片《美利坚女士》(Miss Americana)中就有这样的一幕。斯威夫特多金,出名,是所在领域里的顶尖人物,卖出的专辑超过1亿张。纪录片的那一幕中,她央求团队,允许她支持州里的一位政治候选人,但团队拒绝了,担忧这种背书会让她掉粉。最终她都气哭了——做自己想做的事这么难,只是公开支持一位政治家而已啊,绝大多数人轻而易举就能做到。

"出名太没意思了,名人都那么平凡,那么无趣。知道这些后,我震惊极了。"网球冠军安德烈·阿加西(Andre Agassi)在他令人耳目一新的、坦诚的自传《网:阿加西自传》(Open)中写道,"他们心里充满困惑和不确定,也没有安全感,而且往往都痛恨自己做的事。我们经常听到有人这样说,比如'金钱买不到幸福'那种老话,可我们从没相信过,直到亲身体验到。"

当我们只把别人生活中的零星片段截取出来,拿来跟自己作比的时候,我们就掉入了陷阱。你想要像她一样富有,可你多半不愿像她一样每周拼命工作80小时;你想要像他一样健硕,可你多半不想要那副酷帅外表背后的严苛饮食与锻炼。如果你不想彻头彻尾地与对方交换人生,就别艳羡人家。

竞争与比较,其实是从众的表现。

与他人竞争时,我们用他人的标准来衡量自己,我们想要跟他人一样——但要比他们更好。结果就是,我们的生活变成了一场痛苦的零和游戏,胜人一筹的心思永不止息。到最后,我们就像6岁小孩似的到处张望，看谁拿的糖更多。在这样做的时候，我们把力量拱手让人，任由我们与他人之间的距离来决定我们对自我的感受。

有一次，我无意中看到畅销小说家塔菲·布罗德瑟-阿克纳（Taffy Brodesser-Akner）发的帖子："我刚读到一本书，写得实在太好了，我沮丧得都不想起床。在我写小说之前，读到好书会让我这么难受吗？写作是一种竞赛吗？"我理解她的意思。对我来说，**我的书永远也比不上《×××》**"就是一个反复出现的骇人念头。但随即我会提醒自己：那本书的作者也会觉得自己比不上别人。让我开心的是，他并没有因此而停止写作，那么我也不会。

要摆脱与别人比较的心态，最好的办法就是活得真实。"真实"二字已经被人用到俗滥，意思都快变味了。我所说的活得真实，意思是根据你自己的标准过一生，而不是其他任何人的标准。如果你追寻的是自己的目标，并且不参与被小我驱使的名利之争，就没必要与他人作比较了。

事实上，你的人生愈是独特，比较就愈发没有意义。如果你追逐的东西跟别人一样，那你就更有可能陷入"老鼠赛跑"之中。公司里的晋升梯级就是那么多，所以别人有所得，必定意味着你有所失。但是，如果你发明了属于自己的梯子——如果你追寻的是极为独特的行为组合——那么就很难做"苹果与苹果"式的对比了。

我一直艳羡梭罗，直到我意识到自己并不想过他的生活。我一点也不想住在一个没水也没暖气的小木屋里，我也不想要蚊子包、莱姆病和毒藤。瓦尔登湖四周的草丛，肯定比看上去幽深多了。

下一次，当你听到某些人精彩绝伦的人生自述，禁不住想把他们奉为偶像的时候，就想想梭罗吧：他没在吸吮生活的精髓，而是在大嚼妈妈烤的甜甜圈。

慎重对待建议

2016 年，我想开个播客。

当时，一位我非常信任的朋友兼导师劝我谨慎些。他说："别开播客。人人都在做这玩意儿。市面上的播客已经太多了，做点别的吧。"

我听从了他的建议，没做播客，而是写了一系列采访文章。我把对嘉宾的访谈录下来，转成文字，编辑后再发表在我的网站上。

听上去挺简单的吧？还真不是。

说话和写文章是不一样的。人在说话的时候，正确的语法，恰当的用词，还有很多其他细节都被抛在脑后。把这种口头的对谈转成通顺晓畅的文字采访，往往要花好几天的工夫。更有甚者，由于只发布文字版，我失去了不计其数的听众——他们宁可在播客小程序上听原汁原味、未经编辑的对谈。

然而我咬牙坚持把文字版本做了下去，因为我信任导师的建议。做了 15 次令人精疲力竭的文字稿之后，我举手投降，去开了个播客。

问题出在这里：我们给人提建议的时候，总是带着毋庸置疑的确定性，就像航空交通指挥员似的："135 号航班，下降并维持在 1 万英尺。""奥赞，别开播客。"我们甚至都懒得给建议留点转圜余地，比如"对我说的话，你要持保留态度啊"或者"具体情况因人而异"。

在这种引导之下，我们开始相信，世上存在"必定成功"的锦囊妙计。无论是推出新产品、创立新公司，还是设计一个营销漏斗，只要按照那个正确方法去做，就一定能做成。

可是，天底下任何事情都没有这种"必定成功"的妙计。哪里有什么灵丹妙药，不过是神话而已。

当所有的飞机必须遵循同一套既定的交通管理模式才能安全降落时，确定性是非常好的；但在人生中，每个人的模式各不相同，适用于这个人的，未必适用于另一个人。

有些人应该开播客，但有些人不应该。

有些人应该去上大学，但有些人不应该。

有些人需要多冒风险，但有些人不应该。

有些人需要工作得再努力些，但有些人已经快要累倒了。

在不确定的情况下——换句话说，在人生中——我们往往会假定别人知道我们不知道的东西。如果高人已经认定开播客是个坏主意，那我们听话就是了，没理由去怀疑对方那看上去分外有见地的论断。

可是，他们的论断未必真的那么有见地。他们主要是被自己的人生经历塑造出来的，有时候，这种个人化的人生经历甚至是塑造他们的唯一因素。他们的样本数量只有一个，或者说，他们用"个案"代表了"全体"，在此基础上总结出了充满善意的建议，但其中蕴含的自信却相当令人不安。

创业家兼风险投资人马克·安德森（Marc Andreesen）在 2007 年写了一篇非常受欢迎的博客文章，名字叫作《个人效率提高指南》。在文章中，安德森分享了自己把事做成的策略。他的建议包括："想要确保别人以后再也不叫你去做某件事，最好的办法就是在他们第一次叫你去做的时候就把它搞砸。"他还建议读者们"踏踏实实坐下来吃顿早饭，用这种方式来开启新的一天"，因为"不断有研究显示，没错，早餐是一天中最重要的一顿饭"。

对绝大多数人来说，第一条建议确实非常见效——如果你想丢掉工作的话。第二条呢？正如我在前面探讨的，虽然"不断有研究显示"，但其实非常可疑（在写完那句话之后，安德森显然没有标注研究的出处）。

有一项逻辑谬误，叫作 *post hoc ergo propter hoc*，即"错误因果"或"后此谬误"。这是一句拉丁语，意思是"有两件事相继发生，因此，后一件必定是前一件的结果"。例如，一个人做了a、b、c三件事，然后成了亿万富翁，因此这三件事必定导致了他的成功。但真不一定。其他因素比如x、y、z，也有可能才是成功的原因。

这个逻辑谬误能够部分地解释，为何宣扬"清晨日程"的故事会成为自助类、励志类书籍的核心。因为这种故事就像窥探隐私一般，向你展示那些成功的巨人们是如何"尽情压榨"清晨时光，做出卓异表现的。他们练瑜伽、做冥想、一跑就是好几英里，冲冷水浴，然后去热一杯鲜羊奶（还是从自家养的羊身上挤的）……做完所有这一切，时间还不到9点。

这种对清晨日程的执迷，会让人产生一种错误的印象：你只需照搬别人那一连串经过精心编排的日程表——如果你做了a、b、c——就一定会踏上成功之路。但人生不是这样运作的，用上斯蒂芬·金的同款笔，你也不一定能变成更好的作家。

怎样才能活得精彩？关于这个问题，我们得知的往往是单一的情节。这些故事告诉我们，只需沿着这条路往前走，你就能收获幸福快乐的结局。可道路不止一条，情节也多种多样。当我们试图重现别人那看似幸福快乐的结局时，也就抹杀了我们自己人生种种可能的情节。我们沦为了别人的电影中默默无声的群演。

盲目地遵循别人的道路，害处可不止一点点。这样做的时候，我们任由自己逃避困难；我们告诉自己，只要知道正确的做法，用上正确的笔，遵照正确的流程，一切就会万事大吉；我们假装相信，照搬别人的成功故事是个不错的办法，于是我们就不愿花力气去做那些艰苦的工作——可是，要想开辟出自己的路，这些工作是必需的。

采纳别人的建议之前——即便给你建议的是值得信赖的人——请你拿出点时间，先暂停一下。去找更多的人征询意见，尤其留意那些意见相左的人。要记住，别人的意见只是"别人"的，那些看法建筑在他们的经历、他们的能力、他们的偏见之上。对你或对你正在做的事来说，他们的建议可能并不适用。

你可以参考他人的建议，但不要被束缚住。去测试它们，不要盲目地遵从。看看它们是否真的适合你的生活。他人奉若真理的经验，往往只来自他们自己的经历。

也请你记住：最好的建议不会精准地告诉你该走哪条路。相反，它会帮你看见面前诸多有可能的道路，并且照亮你的盲区——这样一来，你就能自行作出决定。

给别人提建议的时候，要把你的人生情境一并讲出来。向对方解释你的经历，避免把你的建议变成普适的智慧。使用"我……"（**我之前是这么做的……**）的句式。别忘了那些细微的影响因素，还有不可或缺的提醒。鼓励对方独立思考，去寻找属于自己的路。这样提问：**你怎么想？你觉得哪些适合你？以前你遇到类似问题的时候，管用的做法是什么？**

后来我发现，开播客是我所做过的最明智的决定之一。由于这个播客，我获得了一份梦想中的出书合约，还结识了对我的人生产生了深刻影响的人。

那位让我不要开播客的导师,后来怎么样了?

后来他自己开了一个。

没有人会来

没有人会来
拯救你,
疗愈你,
从芸芸众生中选出你;
告诉你,你的机会来了;
夸奖你,说你做到了;
把你背起来往前走,
把成功法则告诉你,
或是替你走人生路。

你不是落难的少女,
你是你自己故事里的英雄,
你是你自己的、身披闪亮盔甲的骑士。

访问 ozanvarol.com/genius,你可以看到各种表格、问题与练习,帮你运用书中所讲的策略。

第五部分
Part Five

彻底转变

第五部分包含两章：

1. 放开手，让未来自然发生：敞开心怀，面对新的可能；松开双手，别再试图掌控那些你不能掌控的事；去拥抱未知之美。

2. 蜕变：不断重新想象你是谁。

在这个部分，我将会告诉你：

☆为何专家们的预言能力都很糟

☆为什么做计划反而会蒙蔽你，让你看不见更好的选择

☆为什么安全网会变成束身衣

☆如何在看不清前路的情况下迈开步伐

☆为什么放弃是爱的举动

☆为什么小心翼翼的人生无异于奄奄一息的人生

☆从毛毛虫蜕变为蝴蝶的过程中，学习发现真正的自我

第十二章　放开手,让未来自然发生

在人类的潜意识中,普遍深埋着一种需求,即想要一个符合逻辑的、合理的宇宙。但真实的宇宙离逻辑总有一步之遥。

——穆阿迪布(Muad'Dib)

出自《沙丘》(*Dune*),弗兰克·赫伯特(Frank Herbert)著

没人擅长预测未来

"没有任何飞行器能从纽约飞到巴黎,在我看来这是不可能的。"1909年,飞机的共同发明人维尔伯·莱特(Wilbur Wright)这样写道。刚过了10年,1919年,一架英国飞机飞越了大西洋。

"互联网的增长会急剧减缓,"保罗·克鲁格曼(Paul Krugman)在1998年写道,"绝大多数人彼此都无话可说!到2005年前后,态势就会很清楚了,互联网对经济的影响不会比传真机对经济的影响大。"这个判断大概只说偏了**一点点**吧?所以后来,克鲁格曼获得了诺贝尔经济学奖。

预言很受欢迎，因为它们符合人类的天性。它们在一个不确定的世界里创造出确定的幻象。但预言错得往往远比我们以为的离谱。

宾夕法尼亚大学教授菲利普·泰洛克（Philip Tetlock）设计了一项研究，来分析预言的准确程度。研究邀请了284位专家，他们的专长包括"在政治与经济趋势方面做出评论或提供建议"。专家们的学历都令人钦佩：一半以上有博士学位，几乎人人都读完了硕士研究生；平均来看，他们有12年的相关专业经验。

该研究请专家们对各种各样的事件做出预测，例如，美国目前的执政党在下次大选后是否依然能大权在握，或者未来两年内GDP的增速会提升、下降还是持平。从20世纪80年代中期到2003年，泰洛克收集到了超出82000份预测。

专家们的表现差劲得很，他们没能胜过一个简单的算法：这个算法假定，以往发生的事在以后会继续发生。比如说，目前的GDP增长率是1%，那么未来两年内GDP增长率很可能保持不变。专家们也没胜过渊博多智的业余爱好者，即泰洛克所说的"《纽约时报》的热心读者们"。专家们唯一的胜利，是比加州大学伯克利分校的本科生们预测得准一些。"他们赢得了不可思议的丰功伟绩：还不如瞎蒙猜得准。"泰洛克这样写道。

更高的受教育水平或更丰富的经验也没派上用场。有博士学位的专家并没胜过没博士学位的，行业老手也没有胜过新手。

然而，有一个变量确实对预测的准确度产生了影响：专家受媒体欢迎的程度。那些吸引了媒体关注的专家——就是你在电视上看见的那种专家人士——预测的准确度比低调的同行更差。一位专家在媒体上露面的次数越多，就越容易说出过分自信的话和适于引用的预测——但事后证明，这些话总是错的。

预测不准的问题不止出现在政治或经济领域，各个行业都有这种现象。另一项研究（名字妙得很，叫作"专家们怎会懂得这么多、却预测得这么差？"）在医药、会计和心理学等诸多领域，也发现了同样的问题。

然而，做出了不准确预测的专家们并未因此出局，他们往往能全身而退。人们很少会说："斯图博士，要么这次您就别发表高见了，因为您关于经济的预测有90%都是错的。"等到那个时候，我们的注意力老早就转移到下一个激动人心的突发事件上去了。

时不时地，斯图博士也能说准一条，可这不是因为他开了天眼，而是因为运气。要是你拿枪砰砰砰地打一整天，肯定也能打中靶子，但这不能令你变成神枪手。

请不要误会我的意思：专家能起到重要作用——只有专家才会写电脑程序或是设计出飞机，我可不想请一个从YouTube上学根管治疗的牙医给我看牙。专家们有经验，与经验伴随而来的是渊博的专业知识。他们能非常清楚地告诉你，在他们的领域内曾经发生过什么；可是，要预测未来会发生什么，他们就没那么在行了。

问题不止出现在专家们身上，**没有人**擅长预测未来。人生中的大多数事情都没法被预测、被画成图表或是浓缩成一页PPT。当未来不符合我们的期望时，我们就会把自己的想法投射出去（更糟的是，我们会依然执着于那些想法）。

我们花费了如此多的心力，想去预测那些不受我们掌控的事情，为未来可能会发生的事担忧。我们提前感受到了痛苦，活在想象出来的各种糟糕状况里面，比如坏经济、坏天气、坏……你自行脑补吧。

担忧是对想象力的巨大浪费。想想看,你在这些事上花费了多少时间和精力?你为未来担忧,翻来覆去地琢磨那些预测——对政局的,对股市的,对新冠疫情的,等等。

臣服是一种解放,而不是认输。臣服不意味着放弃责任或是躲避问题;它意味着,去关注那些你能掌控的事情,放开那些你不能掌控的。

说到底,一切都可以归结为一个问题:这样做有帮助吗?

担忧未来,对你有帮助吗?

在这个时间,第无数次地刷新你最爱的新闻网站,有帮助吗?

把对自己心智状态的管理权拱手交给那些自封的预言家,听他们滔滔不绝地说着有抚慰作用、却误导人的预言,这样做对你有帮助吗?

如果答案是"没有帮助",那就放开手,随它去吧。

别再试图预言未来。去创造未来。

计划的弊端

> 望向前方,寻找安全路径的眼睛,其实已经永远闭上了。
> ——保罗·厄崔迪(Paul Atreides)
> 出自《沙丘》,弗兰克·赫伯特著

> 无须再用指南针!
> 无须再用航海图!
> ——艾米莉·狄金森(Emily Dickinson),
> 《狂野的夜》(*Wild Nights-Wild Nights!*)

19 世纪初，英国的椒花蛾①经历了一场奇异的"变装"。

变装发生之前，98% 的椒花蛾都是浅色的，只有 2% 是深色。但在紧接着的 50 年里，这个比例完全调转过来，到了 1895 年，98% 的椒花蛾是深色的，其余是浅色。

"变装"的原因可以追溯到一个划时代的事件，在它的涟漪效应之下，改变的可不只是蛾子，还有我们的生活。

那就是工业革命。

工业革命之前，浅色蛾子的生存优势比深色蛾子强得多。树干上生长的大量浅色地衣成为浅色蛾子的完美伪装，令鸟儿们不容易发现它们。

工业革命到来之后，烧煤炭的工厂吐出无穷无尽的二氧化硫和煤烟。二氧化硫杀死了树干上的浅色地衣，煤烟把树皮染成了深色。

这些变化发生后，浅色蛾子在深色背景下变得特别显眼，轻易地成为饥饿鸟儿的午餐。对比之下，深色的蛾子却可以融入树皮背景，于是数量开始暴增。

原先的优势变成了劣势，而原先的劣势变成了新的优势。浅色蛾子渐渐消失了，深色的种群繁荣发展起来。

世界以令人晕眩的速度进化，"明天"拒绝跟我们精心制订的计划合作。前途大好的新产品失败了，看似稳定的工作不见了，破坏者变成了被破坏的。当竞争优势被变革一点点凿掉，犹如浅色蛾子置身于深色的树干之上，蓬勃生长的企业渐渐凋萎了。

---

① 椒花蛾也叫桦尺蛾或斑点蛾，由于翅膀上布满了不规则的黑色斑点，看上去就像撒了胡椒粉而得名。

尽管人们渴望重返"常态"或是试图预测出"新常态",但"常态"这种东西并不存在。只有变化。永无休止、持续不断的变化。有时快,有时慢,但始终持续不断。一旦我们认识到脚下的大地并不稳定——它从来也不曾稳定过——我们就可以放松下来,敞开心怀迎接新的可能性,并尽情拥抱未知的美好。

心里有个大方向是好事,比如想创业,想写书,或是想开一个瑜伽工作室。不好的是成为计划的牺牲品,固执地期望事情能精准地按照你认为的方式发生。做计划的时候,你是以你**现在**知道的东西为基础的,但你的预见能力毕竟有限。如果不保持开放的心态,你就会挡住自己的路。

有个关于"如何逮猴"的著名故事。你把坚果放到小口罐子里,猴子伸爪进去拿,却发现如果抓满坚果的话,就没法把爪子从罐子的小口里抽出来;要是松开爪子,它就能自由地跑掉,可它不肯。它没有放手,而是选择了执着地抓紧——抓住它不能拥有的东西。

计划做得越细致,我们就越容易执着于它,哪怕当事情并没按照计划发展,还是抓着它不放。需要看清周围时,我们却闭上眼睛;需要行动时,我们还坐在原地;我们看见的是自己想要看见的东西,而不是事实真相。如果你是一只浅色蛾子,那么如果你拼命强化自己的信念——工业革命没有发生——最终你会变成饥饿鸟儿的食物。

我们总是费尽心机,想把一切都看得一清二楚。可是,"一清二楚"就是尘埃落定的剧终了,该滚动播出演职员表了。而你的人生电影还远未结束,你还在故事的中段呢,可以不断地向前进化,向外延展。如果知道后面要发生什么,你就会打乱即将铺展开来的情节,学不到该学的东西了。

我们之所以想掌控未来，部分是因为未来是不确定的，而不确定的感觉很吓人。我们不知道哪些做法行得通，或是接下来会发生什么，于是，我们试图通过寻找确定性来消除不确定性。我们紧紧地裹住旧皮肤，抓牢为未来制订的计划，寻找经过验证的法则、食谱、流程。我们想找到一张现成的地图，引领我们探索从未有人抵达的疆域，踏上从未有人涉足的道路。

我们抓牢不放的东西会定义我们——也会限制我们。

我们畅想未来的愿景，却沦为它的人质。我们执着于一个情境、一条道路、一个人。我们就像小说中的盖茨比一样，一个接一个地举办派对，徒劳地等待黛西现身；可我们没意识到的是，在前方等待我们的无尽可能，没准比我们想象中的"黛西"更加美好。

回想你人生中最值得铭记的那些时刻。如果你和大多数人差不多，那么，那些时刻都不是被精心规划和安排出来的。它们之所以会出现，正是因为你松弛下来，步入无尽的可能性之中，让自己以开放的心态去面对神秘的未知。它们渐次铺展开来的方式，远比你所能设想到的神奇得多。

树皮颜色变了之后，我们有选择。我们可以在恐惧中缩成一团；我们可以生活在否认之中，紧抓着变黑的树皮不放，绝望地期待旧日的做事方法奇迹般地再次见效；我们可以终日朝着众神挥舞拳头，徒劳无功地命令宙斯给我们发点更好的牌。

或者，我们可以像甩脱旧皮肤那样，松开手，不再紧抓着为明天制订的计划不放。我们可以把手里已有的牌打好，而不是总想着"要是能抓到好牌该多好"。我们可以学着用以前从没用过的方式去运用我们的技能、产品和服务。在被煤烟熏黑了的世界里，我们可以寻找另一处避难所，保护我们不被饥肠辘辘的鸟儿吃掉。

生命是一场舞蹈，但没人能预先编排它。它需要我们带着好奇心迎接即将发生的事，而不是要求这场舞必须符合我们精心设定的舞步。当我们要求事情的结果必须如愿、接下来的步伐必须按计划进行的时候——当我们试图去预测那些无法预测的事、控制那些无法被控制的事——我们的双脚就被捆住了，再也跳不出优美流畅的舞步。

要是你清清楚楚地知道惊悚片的结局，观影过程就不会那么有趣；如果你知道哪个队会赢，足球赛就会变得索然无味；如果你埋头于游客指南，一丝不苟地去每一处"重要"景点打卡，因而错失了身边渐次展现的一切神奇，旅行的魅力就会荡然无存。

然而，一说到人生，我们就想要一本详尽的指南手册，一行接一行地把未来会如何发展写得一清二楚。可人生更像四面都有格子的立体攀爬架，而不是单向度的梯子。它不符合预测、逻辑和秩序。在大自然中，没有什么是线性的。树上没有笔直的枝条；火山以壮观的、非线性的方式喷发，岩浆涌流而出，将遇到的一切悉数破坏——直到冷却，凝固，随着时间流逝，化身成为肥沃丰润的土壤。

智慧不会栖居在你的五年计划或剧本之中，它蕴含在你心里。光芒并不在隧道尽头，它闪耀在你的心中。如果你能像即兴表演的演员那样——如果你能带着"好的，而且……"的心态接受人生递过来的每样东西——你的人生就会变得更为流畅，更为优美灵动。你可以扮演全新的角色，在生活的迂回曲折中找到乐趣，抵达出乎意料的终点站。

未来青睐睁开的双眼和开放的心态。如果你不紧抓着自己写的剧本不放，如果你不执着于你想看见的东西，而是睁开双眼，看到真实的景象，你就会注意到原本会错失的东西。

不确定性是一项特质，而非缺陷。我们应该欢迎它，而不是消灭它。我们越是想寻找一条清清楚楚的光明大道，就越有可能走上已被许多人走过的路途，走出自己道路的机会也就越少。打好手中牌的正确方法不止一个，推广一个产品的正确方法不止一个，架构一本书的正确方法也不止一个。

等到能一清二楚地知道接下来会发生什么，我再采取行动——有太多太多的人这样想。这也就意味着，他们永远不会行动。人生中的光往往一次只为你照亮几步远；生活没有预告片，世上也没有那么强力的手电筒，能把前路全部照亮。你每迈出一步，每尝试一条不同的道路，你就从不知道变成知道，从黑暗走向光明。

知晓前路的唯一方法，就是迈步前行——在你能看见清晰的道路**之前**。

没错，之前你从没推出过这种产品，从没上过法学院，从没做过这种工作。但是你曾经推出过其他产品，上过其他学校，做过其他工作。

做任何事情都有第一次。你是过来人，现在不是安然无恙吗？你挺过了挫折，解决了不曾预料到的问题，还长了本事——你获得的这些重要技能，还可以运用到下一项任务里去。

有时候，你顺利地冲过了那个名叫"不确定性"的浪头；有些时候，那个浪头冲跑了你。但是，如果你只在安全的水域里游泳，就永远也不会发现意外的惊喜。

在世界的真实模样与我们期望的模样之间，始终会有一道鸿沟。

我们可以把这道鸿沟视作威胁。

或者，我们可以把它视作专属于我们自己的空白画布，正待激发出我们最精彩的创意。

你选择哪一个?

第十三章　蜕变

你们得包含着混沌，才能生出一颗活蹦乱跳的星星。

——弗里德里希·尼采（Friedrich Nietzsche），
《查拉图斯特拉如是说》（*Thus Spoke Zarathustra*）

我不知道我们要去哪里，但我非常清楚该如何去那儿。

——博伊德·瓦提，《狮子追踪师的生命指南》

重生

为了破茧成蝶，毛毛虫必须先接受自己的死亡。

在它的身体深处涌起一阵冲动，就像信号一样，昭示着一场彻底的变化即将发生，整个过程就此启动了。信号一来，毛虫就把自己头朝下倒挂在小树枝或叶子上，变成一个蛹。

在蛹的内部，毛虫开始吃掉自己——确实就是字面上的意思。它释放出一种酶,把自己所有的器官都溶解并消化掉。在流行文化中,毛虫蜕变成蝴蝶的过程往往被描绘得优美又浪漫,但实际上其中没有一丝优雅的成分。要是你把蛹切开,只能发现一条正在腐烂的毛虫。

当毛虫消化自己的时候,唯一存活下来的是名为"成虫盘"的一组细胞——它的英文名字写作imaginal discs,源自imagination这个词,即"想象力"。这组细胞就是毛虫的乐高积木块,是它的"第一性原理"。在蛹内营养汁液的滋养下,成虫盘令毛虫重新长出眼睛、翅膀、腿以及变成蝴蝶所需的一切。在那一团恶心的糊糊中,翩跹华美的蝴蝶诞生了。

就算蜕去了旧皮囊,蛇也还是蛇。对我们来说,从一种生命状态到另一种生命状态的转变,有时候更为激烈。它需要我们改头换面,彻底转变成另一种形态——就像毛虫蜕变成蝴蝶。

我的蜕变时刻要追溯到2016年。那时候,我已经蜕掉了几层旧皮肤,从火箭科学转到法律领域,然后又进入学术界。但我的职业生涯始终建筑在相同的基础上:稳定雇主发出的稳定薪水。

拿到终身教职后没多久,我意识到这种生活不再适合自己了。我不想写那种只有一小群教授会看的学术文章,更有甚者,我一直在教同样的课程,回答同样的问题,参加同样的委员会会议,年年如此。

我的毛虫人生很舒适——过于舒适了。我已经停止了学习和成长。

但是,即便蜕变的信号已经到来,此后一段时间内,我还是忽视了它。我觉得学术生涯是一张重要的安全网,终身教职能确保我一辈子都有薪水拿。有了这份保证,我就可以去探索其他领域,比如写关于火箭科学的书,去顶尖的企业做演讲等,一点风险都没有。要是那些项目都做不成,我至少还拥有这张安全网。万一我掉下来,它就能接住我。

但随后我忽然想明白了。我意识到，这张安全网已经变成了束身衣。

只要我的一只脚还留在学术界，我就还被拴在那里，无法使出全力，纵身跃入其他的领域。因为学术界的工作在消耗我有限的时间和创造力。

换句话说，曾经给予我安全与舒适的那张网——即我曾经热爱的职业生涯——如今把我束缚住了。如果不能彻底放开陈旧的我，我就无法充分变成全新的我。

安全网能稳稳地接住你，但也会把你的思路局限住。它让你相信，唯有待在这张网上方，你才是安全的。**只能在这上面玩，不能去那边。别冒险，别到处乱蹦，网该接不住你了。**

我觉得这张安全网十分有用，但令我紧抓着它不放的，不是安全感也不是稳定感，那些只不过是我讲给自己听的故事。

实际上，我是出于恐惧。我害怕放手，我害怕自己会怀念身为毛虫的日子，我害怕那种前途未卜的感觉——我不知道自己能不能真的变成蝴蝶。**没错，那边有那么多蝴蝶飞来飞去，可我只是条毛虫啊，太可气了！我只知道这个。**

然后我想起来了：放手也可以是爱的表现。死亡中蕴含着新生。正如作家约瑟夫·坎贝尔（Joseph Campbell）所写："土地必须先裂开，才能萌发新生。种子若是不先死去，就不会长出植株。小麦死去，面包产生。新旧交替，生生不息。"

是的，新旧交替，生生不息。我们的旧自我成为新自我的养料。旧真理成为新启示的种子。旧道路成为灯塔，将新目的地照亮。

于是，我决定把自己变成一只蛹，把过往消化掉，给未来当燃料。在火箭科学领域的职业生涯赋予了我批判性思考的"翅膀"，也构建出一本书的主题；学术生涯给了我教学与吸引听众注意力的"长腿"；10年的写作经验让我拥有了讲故事的"触须"。这些成虫盘——我的"第一性原理"——帮助我创造出一个全新的自己。

从毛虫到蝴蝶的蜕变不是立即就能完成的。毛虫并不是逃离了自己——它成为自己，实现自己。它留在蛹中，待在那片废墟里，直到找出自己的成虫盘，然后渐渐长出蝴蝶的一切。

我在蛹里面待了一两年：我依然留在学术界，同时不断探索不同的自我和未来。当我在写作和演讲方面取得一定成绩之后——当我已经长出了飞翔所需的身体——我才决定离开。

请不要误解我的意思：腐烂一点也不好玩，而且你无法绕过混乱、崩塌、朽坏——过往的一切都不复存在。离蜕变最接近的时候，也是你最怀疑自己的时候。腐烂过程一启动，你就会感受到一种诱惑，想要做回一条毛虫。周围的人也会尽一切力量说服你，让你抗拒转变，就像往常一样，该干吗干吗。**瞧瞧你要放弃什么吧**，他们会说，**你会变成一团糟——还会耗空你辛辛苦苦积累起来的一切。**

但"耗空"二字是无稽之谈，因为那些积累是不会被消耗掉的。事实刚好相反：放手，需要你记住过往，记住毛虫留给蝴蝶的线索。经济学家把那些称作沉没成本，比如你念艺术史、上法学院或是创业花掉的时间、金钱和精力。可这些并不是成本，它们是礼物，是曾经的你留给现在的你的礼物。

如果上一份工作让你学到了蓬勃生长所需的技能，它算是失败吗？如果上一段恋情教会了你爱的意义，它算是失败吗？如果艺术史专业给了你欣赏创意的工具，它算是失败吗？

当你还留在蛹里的时候，别拿自己跟四周翩翩起舞的蝴蝶们比较。它们已经经历过这个时期了，而你还在长翅膀。小树不会看看参天大树，然后觉得自己好差劲；我们不会责怪一粒种子怎么还没生根发芽，而是会给它生长所需的时间和水分。

用同样的方式对待自己，哪怕你感到自己就要永远闷烂在蛹里了。其实，你正在成为你注定要成为的那个人；你正在回归自己的精髓，这样你的一举一动就可以基于内在的精髓，而不是外界输入的程序。你会找到破茧而出的方法，只要你别成为自己的阻碍，或是允许其他人把你继续闷在蛹里面。

也请记住：你不欠任何人，你无须为了他们而继续做毛虫。对于那些已经习惯把你视作毛虫的人来说，你的彻底转变可能会惹恼他们，你的蜕变可能会让他们想起自己的停滞，你的重生可能会让他们感到不舒服——但也有可能会把他们从麻木中唤醒。如果他们不愿醒来，或是不能理解你的蜕变，那是他们的问题，不是你的。

往前走，往往也意味着我们需要往深处走。"下一段人生的开始，"格伦农·多伊尔这样写道，"向来需要我们先放掉上一段。如果我们真正活着，就会不断地失去——失去刚刚成为的自己，失去刚刚建造出来的东西，失去刚刚确立的信念，失去刚刚得知的真相。"任何真正的改变，都需要你在重生之前先死去——同时知道，死亡是起点而非终点。

或许现在你还没意识到，但你的体内就深藏着一个"成虫盘"，你正携带着它走来走去，而它已经做好了萌生蝴蝶的准备。对毛虫说声谢谢，然后放手让它走吧。让渐渐死去的成为肥料，滋养那正在渐渐苏醒的新生命。

当你破茧而出，无穷无尽的可能性正在等待着你。你已经生出了双翅，可以想飞到哪里就飞到哪里。

你可以望向那无底的深渊，吓到无法动弹。你也可以放开过往，怀着好奇心，一下接一下地扑闪双翅，看看宇宙会将你引向何处。

在希腊语中，蝴蝶写作 psyche。而 psyche 还有一个词义，那就是"灵魂"。

经历一场彻底的蜕变时，你不会失去自己。

你将发现自己灵魂的深度。

小心翼翼的人生

你从来不曾面对失败，

不曾离开走惯了的老路，

不曾跃入未知，

不曾改变习惯，

不曾吃下禁果，

不曾真正地大声歌唱，

不曾真正地忘形起舞，

不曾冲到雨中，

不曾显露出不完美的那一面，

不曾酣畅地哭泣，

不曾坦承爱意，

不曾允许自己心碎。

你把所有的墙都刷成白色，
只敢望向安全的路径。
你压抑自己最强烈的冲动，
畏缩着躲开你的使命。
你说着其他人希望你说的话，
你的内在小孩因为想玩耍而受到惩罚。
你无视自己的想法，因为它们是你想出来的。
你待在"没有危险"的危险之中，
不断地重走老路，
不断地推迟梦想，
逼着自己勉强挤进别人画的框框。
你浇灭内心燃烧的火焰，
调暗眼中闪烁的星光，
每天将自己的灵魂杀死一点点。

小心翼翼的人生，是奄奄一息的人生。
因为人生的意义不在于追求安稳，
而在于活得蓬勃、酣畅。

访问 ozanvarol.com/genius，你可以看到各种表格、问题与练习，帮你运用书中所讲的策略。

结　语

从此我不再希求幸福，我自己便是幸福。
——沃尔特·惠特曼，
《大路之歌》（*Song of the Open Road*）

　　你是用宇宙的素材创造而成的。

　　你血液中流动的铁、骨骼中的钙、大脑中的碳，都源自数亿年前红巨星造成的那片混沌鸿蒙。

　　如果你看看最近300年的家谱，就会发现你有4000多位直系祖先。要是有任何一位不曾存在，今天的你就不会存在。

　　要有这么多的机缘巧合，才能把你带到这里。而你还能阅读这些词句，这一切无异于一场奇迹。

　　所以，做你自己吧——理直气壮地成为那个独特的你、非凡的你。

　　摒除那些对你无益的东西，好让你发现自己的核心。

　　清空头脑中的杂乱，好让你看见内在的智慧。

　　因渐渐了解自己而欢欣喜悦吧，因为你是独一无二的存在，此前不曾有过，今后也不会再有。

  与那条在你的深海中嬉戏游弋的大鱼同游。

  跟随身体的指引，去向头脑不允许你去的地方。

  拥抱那片照亮你灵魂的紫色。

  于平凡中发现非凡。

  站在巨人的肩膀上——也帮助下一代站在你的肩上。

  调动那股带你降生于世的能量，

  将之化作唯有你才能创作出的艺术。

  别再寻找上师和英雄。

  你自己就是你一直在寻找的英雄。

  蝴蝶啊，到了你翩跹飞舞的时候了。

  如果可以，恕我先行一步。

  我快没电了，天越来越黑了。

接下来做什么？

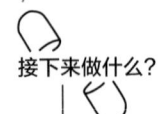

现在，你已经知道如何唤醒自己的天赋，到了把这些原则付诸行动的时候了。

访问 ozanvarol.com/genius，你可以看到：

* 每一章的重点总结
* 各种表格、问题与练习，帮你运用书中所讲的策略
* 注册即可收到我的每周推送，每次我会分享一个重要观点，用不了三分钟就能看完（读者们称之为"每周我最期盼的电子邮件"）

我经常在全球各地旅行，为各行各业的组织机构做主旨演讲。如果你想邀请我，请访问 ozanvarol.com/speaking。

如果你喜欢这本书，请推荐给你的朋友，也到网上发发书评。即便在一个充斥着广告和算法的世界里，口碑也会帮助一本书流传开来。思想之所以能散播，是因为像你一样的天才选择与他人分享。感谢你的支持。

为自己思考
终身成长的底层逻辑
/ 导读手册 /

**AWAKEN
YOUR GENIUS**

Escape Conformity,
Ignite Creativity, and
Become Extraordinary

目录

写在前面 2

第一部分 死 亡
第一章　忘掉所学 3
第二章　弃旧 5
第三章　排毒 8

第二部分 新 生
第四章　独特的你，非凡的你 13
第五章　发现你的使命 16

第三部分 内在的旅程
第六章　解锁内在的智慧 23
第七章　释放玩耍的力量 27
第八章　大胆创造 30

第四部分 外在的旅程
第九章　是谁在胡扯 34
第十章　看向别人不看的地方 37
第十一章　我不是你的上师 39

第五部分 彻底转变
第十二章　放开手，让未来自然发生 41
第十三章　蜕变 42

写在前面

很高兴见到你！这份补充材料是《为自己思考：终身成长的底层逻辑》的逐章导读，在你告别循规蹈矩、点燃创意、成就非凡真我的路途中，它会一直伴随你。

这不是一本学习手册，而是一本"玩耍"手册。你可以把没有共鸣的练习跳过去，也用不着背诵任何东西，手册末尾也没有考试。轻松愉快地边玩边读吧，不用那么正襟危坐。

你需要准备哪些东西

- 这本手册
- 一本《为自己思考：终身成长的底层逻辑》

这本手册包括哪些内容

- 书中每个章节的摘要、思考与练习。你可以在读完每章之后做这些练习，也可以把全书读完之后再开始。

使用规则

- 自己使用这些材料或与同事分享都没问题。
- 请勿将之用于商业用途（比如在教练项目中使用）。如果你想在商业项目中使用这份材料，请联系我的团队：support@ozanvarol.com。

演讲邀约

如果你希望邀请我去讲解书中这些原则，请访问ozanvarol.com/speaking问询详情。我经常在全球各地旅行，为各行各业的组织机构做主旨演讲。

第一部分 死 亡

第一章 忘掉所学

各节重点

"这孩子没问题"

少说"是什么",比如"我们要做的是……",多问"为什么",比如"我们之所以要做这件事,是因为……"。给孩子们演示一下,为什么几何与分数能帮他们修好自行车;向员工们解释清楚,为什么他们将要执行的这个新市场策略能帮助公司赢得丰厚利润;为你所做的事注入使命感,从而让顾客成为你的忠实拥趸。如果你能做到这些,学生会成为积极主动的学习者,员工会富有团队精神,顾客会成为你热情洋溢的啦啦队。

"今天你在学校都学了些什么呀?"

教育本该帮助学生把已经蕴藏在他们身上的东西开发出来并培育成熟。但绝大多数教育系统做的恰恰相反。没有引出来,只有填进去——把知识和事实填进去。没人教学生们如何彻底检视往日的事实,创造明天的知识,问出从不曾有人问出的问题。所以,我们以后不要再问孩子:"今天你在学校都学了些什么呀?"而是改为:"今天你对什么事情感到好奇?""你想深入了解什么问题?""你准备怎样找到答案？"任何经过用心设计、能帮助学生独立思考并质疑世俗认知的问题都可以。

艺术家都上哪儿去了

艺术不仅仅是报酬低微的艺术家们在工作室里鼓捣出来的东西。只要你在重新构想现状，你在生活中做的任何事情都可以是艺术。你在工作中设计出的那个新战略是艺术，你教养孩子的方式是艺术，你装饰家居的方式是艺术；你说话的方式，微笑的方式，你生活的方式——全都是艺术。如果你不肯认为自己是艺术家，这种心态会在结果中体现出来。你创作出来的东西必将是平庸的。你会让现状变得更加牢固。

练 习

练习：忘掉所学

在这个练习中，你需要找出生活中"过时的"、不再适用的假设。渐渐养成这种觉察习惯，不断找出过时的假设，你就可以放下往日的包袱，开辟出一条向前的新路。

在你的生活和工作中各找出一条假设。它可以是一个习惯、一件你常做的事、一个做事流程——你之所以这样做，是因为你"向来就是这样做的"。

针对每一条假设，思考下面这三个问题：

- 这条假设是怎么来的？
- 有充足的理由留下它吗？
- 我能用更好的假设替代它吗？

第二章 弃旧

各节重点

蛇教给我们的事

在蛇的一生中,它的躯体会逐渐长大,终至某一时刻,它必须要蜕去旧皮,换上新的。我们往往会把自己与外在的那层表皮混为一谈,可表皮不是我们。我们已经长大,旧皮已经无法容纳,然而,我们往往会发现自己难以离开它。问问自己:**如果放开手,我将得到什么?** 把"不是自己"的那些部分舍弃掉,你就能看见"自己是谁"了。

你不是你的身份

身份是一种观念。它是我们讲给自己听的故事,是我们为了理解自己以及自己在世界上的位置而撰写的叙事。我们将身份与自我混为一谈,而身份会遮蔽自我。身份阻止你成为真正的自己,它会误导你,让你相信它就是你。"我是……"这个句式中的省略号代表的标签越少,在探索真正自我的路途中,你拥有的自由就越多。

你不是你的信念

一旦我们形成一种观点,就很容易爱上它。我们的想法变成了我们自己。当信念与自我融为一体,我们就会为了捍卫自我而拥护这个信念体系。任何想让我们改变想法的尝试,在我们的感觉上都像是威胁。于是批评变成了语言暴力,简单的意见相左升级成生死存亡的大战。和别人交流时,我们的目标不是评判对方或批评对方,而是要带着好奇心了解对方的观点。每当你发现一个新的视角,你就改变了自己对世界的看法。

美蕴含在复杂之中

我们不愿容忍模糊。我们发现,要是把事物都做个简单又清楚的分类,并且让它们都乖乖待在里边,事情就容易多了。没有空间留给微妙的差异或精细的判断。在向着确定性飞奔的路途中,我们忽略了"不确定"的圣地,那里也是"说不准"和"保持心态开放"的圣地。我们可以不固守某个单一的意见,而是学会欣赏各种各样的观点,并且不执着于任何一个。我们可以不唱单一的旋律,而是把它变成复调。如果你可以允许对立的想法携手共舞(同时脑子还能不宕机),它们就会谱写出一首交响乐,盈满额外产生的优美乐声——以新创意的形式涌现出来——这首交响乐远比原先的单调旋律美好得多。

你不是你的部族

一旦身份与部族融合在一起,我们就任由部族来决定我们该阅读什么、看什么、说什么、想什么。去尽力理解对立的观点,即使"背叛"你的部族;通过询问另一个族群是如何看待某件事的,你渐渐地看见他们;通过努力了解他们,你会用更加人性化的方式对待他们;通过质疑部族的叙事——这是它的核心武器——你在削弱它的力量。而这恰恰就是我们需要做的事。如果部族的身份没能取代我们的身份——如果我们能发展出一种独立于部族存在的、结实有力的自我感——我们就可以问出没人问过的问题,看见别人看不见的东西。

我看见了你

sawubona是祖鲁语中的标准问候，但它的含义远比常见的"你好"深刻。sawubona的含义是："我看见你的个性，我看见你的人性，我看见你的尊严。"sawubona意味着，在我眼中你不是一个物件，不是一桩交易，不是职位头衔。你存在于天地之间。你很重要。你不能被简化为一个标签、一个身份或一个部族。当我们感受到这样的理解时，我们与对方同频共振，我们看见了彼此的视角，而不是彼此视而不见，擦身而过。

来一剂"敬畏心"

我们急需敬畏心，我们已经太久没有体验过这种至为根本的情感：它让我们与他人联结在一起，也让我们在思考时更加谦卑。敬畏心不只让你起鸡皮疙瘩，它还能唤醒你。它让小我安静下来，让你放下对旧皮囊的执着。如果你觉得生活乏味又无聊，好像被困在了旧皮囊里，就来一剂名叫"敬畏心"的解药吧。去迷失在异国他乡。当你回去时，你的家还是老样子，但你已经变了。

练 习

练习1：把自己与信念区分开

信念会影响我们对事实的选择：接受哪些，又忽略哪些。在这个练习中，回想你最近和别人的一次争执，或是你特别不认同的一条新闻或一篇文章。把对以下问题的回答写下来：

- 如果他们的观点是正确的，哪些前提条件必定为真？
- 他们看见了哪些我没看见的东西？

- 关于这个话题，有哪些事实或新证据能让我改变观点？
- 对方的论证中有我认同的吗？是哪一（几）条呢？

练习2：改变自己的观点

你曾经对哪些观点深信不疑，如今却发现它们是错的？回答以下问题：

- 当初你为何相信它？
- 是什么令你改变了想法？

练习3：蜕掉旧皮肤

回想过往的经历中，那种令你感到旧皮肤已成束缚的时刻。是什么征兆告诉你，到了该挣脱的时候了？在你如今的生活中，有哪些领域也出现了同样的征兆？

第三章　排毒

各节重点

关掉外界的噪声

要与内在的天赋同频共振，先要关掉外界的噪声。每一封电子邮件都把我们传送到别人的现实中，每一则闪烁不停的突发新闻都把我们的大脑和冲突与戏剧化事件接通。在这些喧哗和骚动之中，我们听不见自己的声音。当你把其他声音的音量调低，你会渐渐听到一个轻柔的旋律、一个崭新的声音在悄悄低语。终于，你意识到那个声音是你自己的。你会再度遇见自己——这是许久以来的第一次。在寂静之中，你错过的那些想法会变得清晰可闻。

你最稀缺的资源

你最稀缺的资源不是时间或金钱，而是注意力。我们一次只能关注一件事，这就是为什么它的价值如此之高。如果你的注意力被切分得支离破碎，不由自主地被分配到无数个不同的方向，那你肯定记不住多少东西。你没法在想法之间建立关联，把点连成线，最后构建出新的观点——你没法思考。要解决这个问题，单纯意识到自己在做什么还不够，你需要主动决定自己做什么，不做什么。

有毒的信息

有些信息一看就知道是垃圾，比如你前任的爱情生活，或是那种标题故意起得抓人眼球的文章，比如"小时萌哭、却越长越残的十大童星"。但有些信息披着健康有益的外衣。比如某些炒冷饭的"重大新闻"，隔三岔五就能方便地拿出来遛一遛；还有那种看上去客观中立的专栏文章，伪装成毫无偏见的样子，可实际上经过精心的设计，为的就是煽动我们的情绪。你的大脑阁楼是你的空间，应当由你来决定哪些东西可以摆进去，哪些人可以留下。如果你不曾有意识地做出选择，其他人就会替你做。而那些人做选择的时候，想的可是他们自己的最大收益——而不是你的。

觉察你的冲动

在你和你最冲动的行为之间加一个心理"减速带"。你没必要从此不用智能手机，或是永远放弃社交媒体。对绝大多数人来说，彻底一刀两断是坚持不了多久的——而且人们也不愿意。其实，我们的目标应该是多些意识，少些冲动。我们之所以会去抓取那些分散注意力的消遣手段，往往是想借助它们来满足某些未被满足的需求，比如想要体验兴奋和激动的感觉，想要逃离当下，或是想要满足好奇心。可是从效果看，那些消遣手段并不靠谱。时不时地，它们可能会让我们体验到短暂的兴奋感，可那种感觉很快就会消散。你想在回顾一生的时候，才意识到自己耗费了那么多时间去追逐卡戴珊一家子的动向吗？还是说，你想聚焦在真正重要的事情上，创作出令你感到自豪的艺术作品？

不必追求面面俱到

我不可能把那些堆积如山的信息逐条消化处理完，你也不可能，没有一个人能。我的意思不是说，你**不大可能**把每件事都做完——我是说，你**绝对**做不完。这话听起来可能有点让人郁闷，但我们应该感到释然才对。唯有意识到不可能面面俱到，我才能把精力聚焦在真正重要的事情上。我对"摄入"的东西更挑剔了。我们的目标是要有意识地、仔细地甄别手中待抛的小球，清楚地知道哪一个掉了是没关系的。这样，你就可以专心致志地抛好那些最重要的球。事实真相是：疏漏总是在所难免，总会有些地方出岔子。所以，就让有些邮件搁在那儿待回复吧，就让有些人抱怨去吧。就让某些机会溜走吧。

最大的障碍

令你成为出色的软件工程师的，是你写的软件的质量，而不是你开会的时长；令你的产品大卖特卖的，是它优异的特性，而不是拍电视广告时摄影机的角度。当我们忙于应付那些"不得不做"的微末小事时，我们也避开了更为复杂的、能够帮助我们升级进阶的大事。想好哪些事情是重要的，然后孜孜不倦地优先做它们。把"选出真正该做的事"列入你的待办清单。不要再去尽力完成更多事情，开始做真正重要的事情吧。

慢即是快

世人告诉我们的一个最大谎言，就是高效率的关键在于"埋头干"。可你最出色的作品将会出自"不干"——也就是慢下来，给自己一点时间和空间。闲散不等于懒惰。唯有放手，你才能接收；先清空，你才能被填满。在一天之中，哪怕只有一小会儿也好，关掉噪声。早晨醒来后，允许自己在床上多赖一会儿；把自己调成飞行模式，盯着天花板，静静地坐一会儿。精彩的新东西正于你的内在静静生成。

练 习

练习1：找到分心的根源

下次，当你发觉自己又去碰最喜欢的消遣事的时候，暂停一下。观察那种心痒难耐的感受，但别去挠它。问问自己，**我想满足什么需求？是什么让我产生了这个欲望？** 我们之所以会去抓取那些分散注意力的消遣手段，往往是想借助它们来满足某些未被满足的需求，比如想要体验兴奋和激动的感觉，想要逃离当下，或是想要满足好奇心。可是从效果看，那些消遣手段并不靠谱。

可以做个小实验：把这本书放下，拿起你的智能手机，打开你最喜欢的那些消遣用的App——社交媒体、电子邮件、股票信息，什么都行，至少看10分钟。一旦你从"兔子洞"里出来，再回到我们这本书上。

体察一下你的感受。你有什么感觉？你满意吗，快乐吗？还是觉得有某种说不清道不明的不舒服的感觉？一种隐隐的压力与不安？并没有被满足的、对兴奋感或好奇心的渴望？

我的感受往往是这样：推特让我变得神经质，脸书令我感到又回到高中时最糟心的那段时间，照片墙让我觉得自己"混得可真差"，新闻让我觉得整个世界就快完蛋了。

让我不愿去狂刷这些消遣App的，并不是自律，而是亲身体验。经过一次又一次地观察自己的感受，我发现那些东西往往让我的感觉变得更糟。

练习2：穿越沼泽

NASA一位不知名的雇员说过一句话："今天我到这儿来，是为了穿越沼泽，而不是为了痛扁所有鳄鱼。"但我们常做的与之恰恰相反。我们总是忙着跟鳄鱼打得不可开交，而不是穿越沼泽。我们把时间花在最熟悉的事情上，比如回邮件、参加没完没了的会议，而不是做完手上的项目或推出新产品。

识别出你生活中的鳄鱼，也就是那些肤浅的、并不能帮你穿越沼泽的事务。问问自己，**有哪些事情是我为了觉得自己高产而去做的？这能帮助我穿越沼泽吗？**还是说，它们就像鳄鱼一样，总是干扰我，**妨碍我做重要的事**？然后，把清单上的这些"鳄鱼"画掉。不要再去尽力完成更多事情，开始做真正重要的事吧。

别再问："眼下最紧急的事情是什么？"而是问一问："我能做的最重要的事情是什么？为什么我现在还没有做？"从定义看，"紧急"二字意味着"不会持久"，但重要的事情会。

第二部分　新　生

第四章　独特的你，非凡的你

各节重点

拥抱你的紫色

无论是把西装或裙子改得合身，还是让自己变得合群，原理都是一样的。把这边的想法剪掉一点儿，那边的喜好改动一下，还有这里，这个行为需要调整一下——直到把自己妥帖地放入模子里为止。可是，与改衣服不同的是，修改后的自我很少会像原来的样子了。改变是渐渐发生的。你开始说出违背自己真正信念的话；你点头称是，好像对方说的真的很有道理；你忘记了自己的界线，邀请别人侵染你的灵魂。努力融入群体，反而让人更难找到归属感。

如何出类拔萃

想要成就非凡，你需要活出自己。显眼源自对比。一样东西之所以能脱颖而出，正是因为它与众不同。如果你融入了背景板——如果你不曾展现出自己的特质，没有指纹，没有对比，没有任何特异之处——你就会泯然众人，谁也看不见你。你已经变成了背景板。正是你的特质让你成为你。唯有拥抱它而不是抹杀它，你才会出类拔萃。

你的边缘线

在价格和便利性上，实体书店没法跟网上书店竞争。但是它们可以做网上书店做不到的事：给予顾客个性化的体验。最出色的书店正是这么做的。他们让真实的人上场，做出真正的精选和推荐，其质量远远超过广告、算法和畅销书单。他们用生动有趣的方式做陈列，帮助顾客发现自己喜欢的书。这些书店不会草草地按照字母顺序排列图书，而是想出了"时间旅行"这样的主题分类。20年前，按照作者姓氏的首字母顺序把书籍上架，或许是个好办法。但是，如果你不去重新构想今天应该怎么做，其他人会的。

最危险的模仿

品尝到成功的滋味之后，你会感到极大的诱惑——想照搬上次的做法，把它原封不动地复制粘贴过来。令上一部作品大获成功的特质，在照搬时会被稀释掉，这就是为什么续集和重拍的影视作品极少能捕捉到首部的神韵。当你停止照搬别人，尤其是照搬从前的自己，开始创造唯有当下的你才能做出的艺术作品的时候，出类拔萃就出现了。

掌握方法背后的原理

你需要清楚地知道自己在做什么，而不是盲目地照搬他人的做法，或是无意识地重复自己过往的做法。要想实现这一点，你需要知道你**为什么**要做这件事。你们的每周例会有明确的目的吗？你们之所以开头脑风暴会，只是为了让大家有机会显摆聪明才智吧？你的网站上为何会有弹窗？不要去照搬各种工具、方法和食谱，相反，去掌握它们背后的原理。一旦你明白了原理——一旦你理解了做法背后的

"为什么"——你就可以创造出属于自己的好方法。

你的"第一性原理"

你的"第一性原理",就是构成你的最基本的"砖瓦"——你的才华、兴趣、喜好,就像乐高积木块一样。你的"第一性原理"往往就是被你压制得最狠的那些特质——因为它们令你与众不同。你的内在小孩往往握着开启你核心能力的钥匙。想要原创,就要回归原初——据说这是加泰罗尼亚建筑师安东尼·高迪的话。所以,与原初的那个你重新建立联结吧。孩提时代让你显得"古怪"或与众不同的东西,在成年后会让你出类拔萃。

一旦把组成"你"的核心要素解构出来,就从零开始,重构一个全新的自己。但是,不要拷贝原有的东西。去重新想象,用崭新的方式把你的核心特质重新组合起来,找出潜在的崭新未来。

把自己多元化

无论什么系统,只要缺乏多样性,就会变得脆弱。想要拥有真正的韧性,唯一的办法就是多元化。追寻五花八门的兴趣爱好。把你自己多元化。如果你拥有能够重新组合、能不断适应新方向的各种特质与技能,你就拥有了非凡的优势,可以随着未来一起进化。多元化不仅能确保你有韧性,它还是全新力量的源头。

练 习

练习:发现你的"第一性原理"

运用"第一性原理"的力量,找出构成你的原材料,然后重塑一个全新的你。

逐一写下你对以下问题的回答:

- 是什么让你成为你?
- 在你的人生中,有哪些持续不断的主题曲?
- 哪些事情在你看来就像玩一样,可在别人看来就是工作?
- 有哪些事,你甚至从没觉得那是一种能力,可别人认为是?
- 如果问你的另一半或最好的朋友,你的"超能力"是什么(也就是你比一般人做得好的事情),他们会怎么说?
- 当你还是小孩子的时候——早在这个世界把各种事实和道理灌输给你之前,早在教育把乐趣从你喜欢做的事里偷走之前,早在"应该"二字命令你如何运用时间之前——你最喜欢做什么?
- 仔细分析一下,每一桩你很擅长做的事背后,都有哪些技能。比如说,你特别擅长组织活动,这不只意味着你是个出色的活动组织者,它还意味着你能够很好地跟别人沟通,激发别人的热情,创造出令人难忘的体验。这些技能适用的场景,很可能比你意识到的多得多。

第五章　发现你的使命

各节重点

你的人生剧本

忘了"追随激情"那种话吧,那太难了,没法做到。相反,去追随你的好奇心。**你觉得哪些事情很有趣？**那些能勾起你好奇心的事不是偶然发生的，它们会为你指出该去的方向。记下自己何时感到浑身是劲、跃跃欲试，也记下何时感到厌倦、无聊和疲惫。要学会察觉身体的反应，当你感受到生命的活力时，看看身体向你发送了什么信号。以后你就可以遵循这些信号的指引了。如果你想寻求那种令你感到"幸福"的时刻，请当心。如果你想追求的只有幸福，你就一步也不会离开舒适区。因为迈出舒适区——看定义就知道——肯定是不舒适的。一旦想清楚了自己要什么，就对那些无关紧要的事情说"不"，退出那些不能带你接近目标的、毫无意义的竞赛。

空想家和实干家

要想找到自己的人生使命，你需要行动起来。停止过度思考，开始试验、学习，然后改进。试验胜过争论。行动是最好的老师。你可以列出详尽的利弊比较清单，想怎么写就怎么写，可是，除非你真的去尝试了，否则很难评断哪些行得通，哪些不行。目标不是寻求"正确"，而是去发现。

追求金牌的弊端

我们想要被杰出的前辈们选中，而这些前辈也正是当年中选的人。我们想获得外部的认可，希望有人嘉奖我们，即拿到金牌。越是重视那些虚荣的衡量指标，我们就越害怕失败。越是害怕失败，我们就越渴求稳妥的成功。而越是渴求稳妥的成功，我们就越倾向在别人画好的线稿上涂色。于是，出类拔萃离我们越来越远，我们终于泯然众人。如果你让内心的指南针根据外部的衡量指标指引方向，那它永远也不会稳定。指针必然会来回摆个不停，因为外在的认可是变幻不定的。如果你想寻获内心的稳定，那就用你自己的价值观当指南针，别用别人的。

你得到的够多吗

如果你不去界定自己心目中的"足够"是多少，默认的答案永远是"更多"。名叫"更多–更多–更多"的怪兽永远不知道满足。无论有多少钱，都不足以预防所有的艰难困苦；无论多么稳定，都无法抵御所有的不确定性；无论有多少力量，都不足以击败所有的挑战。所以，问问自己：在我看来，多少算是"足够"？我该如何判断我拥有的已经够了？

要当心你衡量的是什么

当我们过于关注量化的对象，就会对其他的一切视而不见——包括常识。我们追踪那些容易追踪的数据——而不是重要的数据——并且误以为，如果我们达到了某些指标，就意味着取得了有价值的成果。实际上，人生中最有价值的东西往往都无法量化。比如诚实、谦卑、美、玩乐等，这些珍贵的特质都是无形的，于是就被人们忽略了。所以，要当心你在衡量什么。定期问问自己，**这个指标有什么意义？我衡量的东西有价值吗？这个指标是在为我服务，还是我在为这个指标服务？**

这不适合我

人生中，绝大多数人都会选择最便捷的那扇门。我们沿着最容易的路走，被无形的线绳拉到这儿，又扯到那儿。我们告诉自己，行，那份工作我可以干。行，我可以念那个专业。行，我可以缩一缩身体，挤过别人凿出的那扇窄门。但那扇门可能并不是你的最佳选择。别再委屈自己，强迫自己挤进现成的门；相反，去有意识地创造并打开适合自己的大门——这个行为中蕴含着巨大的力量。

自建的囚室

人生确实存在客观上的限制——你的出生地、你所属的社会层级还有结构性歧视等，不一而足。可是，还有些限制是我们自己施加给自己的。你挡住了自己的阳光，遮蔽了自己的智慧，你束缚住了自己。为了看清你给自己施加的限制，你可以做一些"出格"的行为。觉得自己不可能做到某件事吗？大胆做一次试试。觉得自己不配加薪？鼓起勇气提出要求。有份工作你很想要，可你觉得对方不会录取你？先申请了再说。你以为那些铁条不可撼动，可到头来却发现，它们只是幻象。

不再说"应该"

我决定把一个词从我的词典中删掉——"应该"。应该做这个，应该做那个……这种"应该思维"是我在不知不觉间接受的信念系统。"应该"反映的是他人的期望，即他人认为我应当如何度过自己的人生。当我发觉自己用了"应该"二字时，我准备做的那件事往往并不是我真心想做的。别再用"应该这样""应该那样"来限制自己了。为自己的期望而活，而不是陷在他人的期望中。

改变我人生的电子邮件

当别人说你干不成某件事的时候，这往往反映出，其实他们是在不允许自己去追求成就。他们的建议不过是这种心理的投射。他们或许了解到,这件事做成的概率不高,可他们不了解你。而且,关着的门未必上了锁。有些时候你只需上前把它推开。

练 习

练习1:停止过度思考,开始试验

如果说这辈子我遵循了什么成功定律的话,那就是这一条:停止过度思考,开始试验、学习,然后改进。想上法学院?在法学院的课堂上坐一坐。想开个播客?那就做个试播版,先录10期音频,看看自己喜不喜欢干这个。

选一件你一直想尝试的事,做个试验。把你对下面三个问题的回答写出来:

1. **我在测试什么?** 你要做试验了,所以你得知道你在测试什么(比如,我会喜欢做播客吗?我想住在新加坡吗?)。

2. **怎样算是失败?怎样算是成功?** 在一开始,就要想清楚你对成功和失败的衡量标准。此时你的头脑相对是清晰冷静的,一旦你置身事中,情绪和沉没成本可能会影响你的判断。

3. **试验何时结束?** "某一天"不是好答案。确定一个日期,在日历上标出来,到了那天就对这个试验作出评估。开始一件事比结束一件事要容易得多,因此制订退出计划十分重要。

练习2:不再说"应该"

花点时间,把你人生中的"应该"都写出来。你曾经告诉自己"应该"去做哪些事?

针对每一个"应该",这样问问自己:这种"义务感"从何而来?"我应该做某事"的念头是谁带给我的?它是我自己的愿望吗?这件事是我真心想做的吗?还是说,是我认为我应该想做的?

如果其中某一项"应该"确实是你发自内心的愿望——即它与真正的你非常一致——那就请你换一个词来表达,表明它不是一个义务,而是一种渴望。不再说"我应该……",而是换成"我准备……",或是"我想要……",抑或"我有幸……"。

但是,如果它并不是你发自内心的愿望——如果它束缚了你的思维,限制了你的潜力,阻止你去追求想要的生活——那就放开手。

练习3:看清你身处的囚室

问问自己:我为自己修建的囚室是什么?现状困住了我,而我在其中扮演了怎样的同谋角色?朝哪个方向我可以走得更远?我总是认为自己不够好、不够聪明、不够有价值、不够有资格,"所以我不能……"这种思维方式对我造成了什么阻碍?

练习4:书写自己的人生剧本

想明白自己想要什么是极其困难的。如果你和绝大多数人一样,这辈子一直沿着别人为你设定的方向走,或是一直在追寻别人告诉你的、你"应该"想要的东西,这个问题就会变得更难回答。用以下这些问题问问自己:

- 这辈子,我想要什么?我打心眼里想要的是什么?
- 对于我真心想要的东西,如果没有一个人能知道它——如果我不能对朋友们提起它,或是不能把它发到社交媒体上——我会怎么做?
- 在我的理想生活中,"星期二"是什么样子的?

● 我的人生使命是什么？或者说，我为了什么而存在？如果要为自己写一份悼词，描述我的一生，我会怎么写？如果躺在临终的床上，我会为了哪些没做的事情而后悔？

第三部分 内在的旅程

第六章 解锁内在的智慧

各节重点

如何做到独立思考

人类最基本的体验之一就是思考,而我们已经与它失去了联络。我们不是向内深挖,到内心的最深处去寻找清明的智慧,而是把人生最重要的问题外包给别人,同时浇熄了我们自己的思想之焰。要做到独立思考,不仅要减少外部输入,它还意味着要让思考成为一种有意识的行为,并且在做调查研究之前先自行思考。最初的想法往往不是最好的,要忍住这种"浅尝辄止"的诱惑,继续深入下去。深入的思考需要时间。拿出足够长的时间,让自己专注地思考,唯有这样你才能潜得足够深,找到更好的看法。经过独立的思考,在一个问题上潜得足够深入之后,你可以转头去阅读别人写的东西了。但是,也不要停止你的思考。阅读的目的不只是理解,而是把你读到的东西当作工具——一把开启你内在宝藏的钥匙。

自言自语的魔力

自由书写把你和你的直觉联系起来,在潜意识与意识之间打开了一条通道。你开始看见你是谁、你知道什么、你在想什么。为了让想法不受阻滞,顺畅流动,你需要做到两件事。首先,只写给你自己一个人看。如果你担心这些想法可能会被别人看到,就会感到拘谨,自我审查的系统也会运转起来,你还得花精力去对付这些问题。其次,必须对自己诚实。如果心中有疑虑,不要掩藏。把念头"晾"到外面还有一个好处:这样它们就不会在内心蚕食你了。

拖延的力量

着手做新项目的时候,我会把想法和案例迅速又简略地记下来——但凡是我已经想到的、跟主题相关的都算。把种子种下之后,我就走到一边等着,看它们会开出什么花来。即便在等待的时候,这个项目依然在我的潜意识中运作,在看不见的地方,想法正在酝酿。在这个过程中,想法与想法之间建立起新的联结,创想日渐成熟、完善。这是有意为之的拖延,而不是一时冲动的逃避。从项目旁暂时走开,是为了让它自由成长,而不是躲开工作。这意味着,到最后你还是要回到书桌前,把它完成。

酝酿创意时,请内在的批评声音走开

在初始阶段,石破天惊的好创意往往显得"不合常理"。若是不加约束,你的内在评判会扼杀一切看似不合常理的想法,在有价值的创意还处于孵化期的时候就把它们无情碾压。绝大多数人在创意刚刚萌芽的阶段,就把它们扼杀了。想法刚一产生,他们就迅速作出评判,比如它是否合理,能不能被做到。所以,当你酝酿创意时,请内在的批评声音走开,邀请你的内在小孩出来玩耍。不要审查、评估、批评。在你的头脑中,一切想法都是受欢迎的,不管它们有多么愚蠢、多么匪夷所思。你的目的是保护它们免遭评判,那个充满想象力的内在小孩会过来鼓捣一番的，然后它们会自行发芽长大。

跟随身体

在**内心深处**，你知道那件事是对的。或者，在心底**某个地方**，你感到不对劲，可你没法用理性解释。你的身体涵容着全部远古的智慧，等待你去发现。但我们与身体失联得太久，以至于听不见它发出的信号，甚至在它高声尖叫时也不以为意。关注身体不等于忽视头脑。它指的是，要把思考视作一项全身心的活动，而不仅仅局限于大脑中；它指的是，要多留心去观察身体发来的信号——情绪、感觉，以及从内心深处传来的直觉。

伟大的头脑不独自思考

最出色的创造力不会萌发于全然的孤绝之境。有一件事情是你做不到的，那就是看见你看不见的东西——位于你盲点上的东西。想要发现你的错误或被你忽视的可能性，往往需要别人的眼睛，因为他们跟你有不一样的人生体验和观点。组建一个专属于你的智囊团。寻找跟你价值观相同而不是想法相同的人。你的智囊团就是你的镜子。有时，帮助其他人解决问题的时候，你反而给自己的问题找到了最佳答案。你帮别人构思的创意会解锁你心中的创意。你给别人提的建议往往也正是你需要遵从的。

伟大的头脑欢迎异议

相同的声音会创造出"回音室"。从想法跟你一模一样的人身上，你学不到任何东西。可是，我们喜欢让身边围满自己的"思维克隆体"。我们结交与我们想法相同的朋友，我们雇用成长道路与我们类似的员工。这就好比把两面镜子对放在一起，相互映照，直至无穷无尽。

作出任何重大决定之前，问问自己："谁不同意我的看法？"如果有，征询他们的异议。如果没有，积极主动地找一个这样的人。如果你身边尽是看法跟你相同的人，把这当作警示信号吧。这意味着，他们要么对你不诚实，要么就没进行批判性思考。总之，别再搜寻支持了。开始培育异议吧。

练 习

练习1：自言自语

在我的电脑上，有个文档是全天候打开的。一旦我想到了什么，就记在上面。关于新书的点子？记下来。让我昨晚夜不能寐的一个想法？写写看。这个文档永远处于未完成的状态，这让我的想法始终保持流动。没有哪一条是定稿，没有哪一条是完美的。一切都在发展之中。

请你在电脑或本子里也创建一个这样的文档。开始写吧，不管想到什么都写下来。有些时候，脑海里没有任何有趣的想法浮现出来，或者想到的尽是些无甚意义的东西。但有些时候，出乎意料的好想法就那么凭空出现了。请记住：写这些东西不是为了出版，也不是为了赢得赞誉，而是为了发现自己的想法。

如果你觉得"让想法自由流动"这种事太吓人了，不知该从何处着手，那就试着加上一点结构。你可以给自由书写加一个具体的目标，稍微宽泛一点也没关系。问问自己，**我应该给新书起个什么名字？如何在我们的客户服务中添上轻松愉快的感觉？我的下一段职业**

生涯应该是什么样子?

规则只有两个：只写给你自己一个人看（这样就不会感到拘谨），以及对自己彻底坦诚。第二条听起来容易做起来难，而且它的重要性超乎你的想象。

练习2：智者的话

拿出5~10分钟，想象95岁的你是什么样子。在手机上设好时间，闭上眼睛，静静坐好。在脑海中想象95岁的、阅尽世间沧桑的你。

你可以提出如下问题：

● 在你的人生中有什么遗憾？如果能够回头重新来过，你会采取什么不同的做法？

● 你有智慧想与我分享吗？想告诉我什么建议？现在我需要听到什么？

至少静思5分钟，然后拿一支笔、一张纸。从95岁的你的角度，给现在的你写一封信。与"年轻版"的你分享看法和建议。把这封信放在一个容易找到的地方。

第七章　释放玩耍的力量

各节重点

刻意练习不是万能的

熟能生巧。但问题就出在这儿。在练习中，你只会得到两种结果：你的做法要么是对的，要么是错的。但玩耍中没有对与错。过程远比结果重要得多。练习能把一项技能磨砺得圆熟，但玩耍能让你获得各种各样的技能。要想解锁你的全部潜能，往往需要你跳开那些惯常的练习，而不是进一步巩固它们。它需要你培育"开放"，而不是只会聚焦。它需要你追求多样化：你做的事，你读的书，你与之交流的人。它需要玩耍，而不是只会机械地运用。

只工作，不玩耍

没有玩乐权利的员工是没有原创性的。处于自动驾驶模式、被既定的规则和边界限制住的时候，你没法想出新点子。如果你不停地重复做着相同的日常事项，就无法发现周围的可能性。如果你不享受正在做的事，就不可能达到这个领域的最高水准。真正的目标在于，你要有充分的意识，什么时候切换到玩乐模式，什么时候再切换回来。当我们要构思新创意、寻找不同的解决办法时，玩乐最有帮助。但到了执行的时候，就要更加严肃认真才行。

追随好奇心的脚步

杰出的思想者不是为了明显的用处而追求知识的。他们为了探索而探索。在人生中腾出点空间来，做一点不问结果、只为乐趣的事。如果你觉得法语很好听，就去学学法语。如果你不断地做"高产"的事，就会陷在熟悉的事物中。想要寻获陌生的洞见，就要追随好奇心的脚步，去往陌生的地方。

解决别人的问题

下一次开营销会议的时候，或许你可以先让大家花15分钟时间，给竞争对手的产品设计个营销方案。乍一看,这简直是对时间的巨大浪费。但玩耍之所以能提升创造力,部分原因是它能减轻我们对失败的恐惧,因为就算失败了也不会有什么后果。这种安全感会让内在的评判声音偃旗息鼓,堵住想象力的往往正是这种评判的声音。你可以把这些思维实验看作运动前的热身。如果你跳过热身阶段直接去快速跑或举铁,那么身体肯定进入不了最佳状态。在创意中也是一样。先用一个低风险的小事热热身,然后再进入重要的主题。

给办公室改个名字

名字的重要性远超你的想象。这叫作促发效应。单是看到一个词语或一幅图片,都能对你的想法产生强有力的影响。想得到标新立异的结果,就选一个标新立异的名字。找一个专属于你的、能点燃你的想象力、促发你的热情和动力的名字。

练 习

练习1:解决别人的问题

有时候,为自己的问题找到解决方案的最佳方法,就是解决别人的问题。所以,暂时换个角色当当。试着解决下面这些问题,用这种方法来点燃你的创意,换上轻松嬉乐的心态。这样一来,当你重新面对自己的问题时,就会带着焕然一新的能量和新鲜的视角看待它。

- 如果你常写非虚构作品,那就拟个小说大纲试试看。
- 如果你是软件工程师,就把竞争对手的应用程序重新设计一下。
- 从头开始,给你最好的朋友做一个全新的职业生涯规划。

- 假装自己是公司新上任的CEO，走进门，问问自己："要解决现在面临的这个问题，新CEO会怎么做？"

练习2：起一个标新立异的名字

在你的生活中选一件名字普通平常的事，给它改一个标新立异的、能更好地激发出你的热情与动力的名字。

书中有这样两个例子：

- 别再说"进度汇报会"了。改一个能唤起大家的热情和行动力的名字，比如"愿景实验室""协作洞穴""创意孵化器"。
- 别再用"待办事项清单"这个叫法。一听到这个词，我就想能跑多快就跑多快，能躲多远就躲多远。叫它"游戏清单"或"设计清单"——一个能让你开心起来、调动你积极性的名字。

想想看，在生活中，你可以为多少普通平常的事重新命名。

第八章　大胆创造

各节重点

自己写一个

学习往往成为不去创造的借口。但这不是让你停止一切阅读，彻底无视前人的洞见。而是说，即便在信息不够完美、不够充足的情况下，你也能从容应对；在没那么清楚地看见道路的时候，你要敢于迈步。这还意味着，要在摄入和创造之间找到平衡——在阅读他人的观点和创造自己的观点之间找到平衡。努力保持这个平衡。

一双靴子

从自己做起，去推动你想看到的改变，别再等待他人采取行动。大动静是能看见的，比如超级畅销书或爆红金曲，于是我们认定，能看见的才是重要的。可是，小小的一滴水也能创造出漾至无垠的涟漪。我们往往看不见这些涟漪，于是就以为它们不存在。

"不懂"也有好处

初学者没有肌肉记忆。掌握的知识太多，反倒有可能限制你的想象力，因为你的注意力都放到了事情"现在是什么样子"上面，而不是"可能会是什么样子"。保持这种心态，不是要你退隐到某个与世隔绝的寺庙里去。但是，它确实需要你谨慎地对待知识。知识应当让你变得更渊博，而不是束手束脚；它应该能启发你，而不是蒙蔽你。

改变我人生的一篇文章

面对自己的创意，你是个糟糕的法官。你离它们太近，没法做出客观的评估。在电影行业里，没人知道哪一部会成为爆款，哪一部无人问津，人生也是一样。确实如此——直到你去尝试。我可以花很多天时间反复衡量一个想法是好还是坏——我那喜欢过度思考的头脑就喜欢干这个——或者，我可以干脆试试看。在你看来明摆着的东西，可能会让别人感到醍醐灌顶。

可它还是在转啊

对批评的恐惧是梦想杀手。它扼杀梦想的手段是：阻止我们迈出第一步，阻止我们接下有挑战性的项目，阻止我们在会议上举手说出不同的看法。无须不断得到外在认可——被所有人喜爱、尊重和理解——也能创造，这是人类的非凡勇气。

开心的意外

成功次数很多的人，失败的次数也必定很多。他们成功的次数多，是因为做得多。在你的所有尝试中，绝大多数会失败，有些算不上精彩，但少数几个会成功，足以补偿所有的一切。如果你把所做的事视作学习的机会，而不只是取得成就的机会，那么就算你失败了，也依然是赢家。

专业人士如何做到举重若轻

当你把自己与更有经验的专业人士作比较的时候，可不是在拿苹果跟苹果比。你还是"测试版"，而对方已经是正式的成品了。他们已经干了多年，甚至是几十年，而你才刚刚起步。在早期阶段，你的创造确实不会太精彩。作品虽然做出来了，但处处都不完美。每个创造者都必须要努力熬过这个尴尬的初始阶段，才能拿出精彩的作品。

厚颜无耻的自我推广

自我推广不是可耻的行为，它是充满爱的行为——对想要你的作品的人来说。这不是让你去用垃圾邮件去轰炸别人，也不是去占别人便宜。这意味着，你要带着和善与尊重之心推广自己；这意味着，你向那些允许你这样做的人去推广自己——他们已经举起了手，对你说："是的，我想要那个东西。"

练 习

练习：从失败中学习

失败是知识。套用诗人鲁迪·弗朗西斯科的句式，就是"大地能教给你的飞行知识比云端更多"。在我遭遇的所有失败中，没有哪次是让我一无所获、学不到任何东西的。如果你把所做的事视作学习的机会，而不只是取得成就的机会，那么就算你失败了，也依然是赢家。

回想你人生中的一次重大失败。你从中学到了什么？

第四部分　外在的旅程

第九章　是谁在胡扯

各节重点

我们如何愚弄自己

下次,当你本能地想按"转发",或是想要相信世俗认知的时候,先暂停一小会儿。问问自己:"这是真的吗?"当你养成习惯,经常问出"这是真的吗",你会惊讶地发现,答案往往并不是脱口而出的"是"。但是,只有怀疑精神还不够。说一句"这是胡扯"是很容易的,用建设性的方式表达质疑就困难得多。解决办法是,用"充满怀疑精神的好奇心"去面对这一切。这需要你保持一种微妙的平衡:既要对各种看法保持开放——即便是那些乍一看很有争议或不正确的观点——也要具备等量的怀疑精神。但目的不是为了怀疑而怀疑,而是要重新想象现状,发现新的洞见,找出哪些地方还需要再想一想。

早餐真是一天中最重要的一餐吗

不断重复会滋生虚假的确信。如果你不断听说蝙蝠都是瞎的,我们只用了大脑的10%,早餐是一天中最重要的一餐,你就会相信这些是真的。即便已经被科学证据证实是错的,这些长期存在的迷思还是被人们不停地重复。

防震内置式胡扯检测器

所有伟大的思想者都必须拥有一个欧内斯特·海明威所说的"防震内置式胡扯检测器"。翻回书中的相应章节,可以看到我平时使用的检测方法。这是我个人爱用的办法,也就是说,它未必适用于所有人。把你觉得有用的拿走,余下的做做修改,或是搁在一边。而且,不要把它当成某种智识上的消毒手法——灭掉一切细菌,也把一切变得索然无味。相反,把它视作一个有趣的解谜游戏吧。目标是带着好奇心和怀疑精神,质疑你读到的东西,从过时的世俗观念中挖掘出埋藏的宝石。

真理是不断变化的

科学并不是一套被彻底了解的、不可撼动的事实。即便一个理论被人们广泛接受了,新的事实也有可能浮现出来。于是理论需要完善,或者被彻底颠覆。身为学习者,你的职责就包括质疑你读到的东西,而不是简单地死记硬背。你现在深信不疑的某些东西,过一阵子之后就有可能变成错的了。

没错,确实有蠢问题

我刚当教授那会儿,上课时总会时不时地停下来问大家:"有谁有问题吗?"十次里面有九次,没一个人举手。所以我决定做个试验。我不再问:"有谁有问题吗?"而是改成了:"现在我来答疑。"或是更好的版本:"咱们刚才讲到的东西很不好懂,我相信很多同学有问题想问,那现在开始吧。"举手的人数大大增加了。把提问方式这样一改,我期待的结果(让学生们多提问)就变成了常态,而不是例外。当我们重构一个问题——当我们改变了提问的方式——的时候,也就改变了结果。

带着问题生活

面对生活,我们很多人已经感到力不从心,再承认自己无知,简直就是当众确认"我水平不够"。因此,我们不愿承认自己不知道,而是装出一副很懂的样子。我们点头,微笑,虚张声势地挤出一个临时拼凑出来的答案。当我们说出那可怕的四个字——"我不知道"——我们的小我泄气了,但胸怀打开了,耳朵也竖了起来。"我不理解"不等于"我不想理解"。

练 习

练习1:检测胡扯

把书中关于"胡扯检测法"那部分重读一遍(小节标题是"防震内置式胡扯检测器")。找一篇你读过的文章,试用那些方法。哪些东西令你感到惊讶?如果你不问书中列出的那些问题,就有可能错过哪些东西?你会往那个流程中补充哪些问题?你有什么问题想问那篇文章的作者?

练习2:改变提问的方式

在沃顿商学院做的一项研究中(名字起得很聪明,叫作"世上真有蠢问题"),受试者需要扮演销售员的角色,卖掉一个iPod。他们被告知,这个iPod的系统崩溃过两次,里面存的音乐全都被抹掉了。

研究者们感到好奇的是，在一场角色扮演的销售谈判中，什么样的问题能让卖家坦白承认产品有毛病。他们让潜在买家尝试了三个问题。

"跟我说说这个iPod的情况？"

——面对这个问题，只有8%的卖家坦白承认了。

"它没毛病吧，是不是？"

——坦白的比例升高到了61%。

"它有什么毛病？"

——对此，89%的卖家说了实话。与前两个问题不同的是，这个问题已经假定这个iPod有毛病，因此让卖家说出了实情。

把你经常问别人的问题列一张清单。认真想一想，你问这些问题是想得到什么，然后把它们改得更好一点：帮你得到你需要听到的回答，而不是你想要听到的。

第十章　看向别人不看的地方

各节重点

别人看不见的靶子

套用哲学家叔本华的句式：有才华的人能打中别人打不中的靶子，可天才能打中别人看不见的靶子。最出色的思想者会去非常规的地方寻找启发。只是看向别人不看的地方还不够，你还要琢磨琢磨为什么没人往那儿看。你遇见的每一个人都是你的老师。陌生人会带来陌生的智慧，他们知晓一些你不知道的趣事，而且那些东西永不会显而易见。去寻找它们,把这看成一场捉迷藏游戏。

追求便利的代价

流行未必意味着更好。流行仅仅意味着,比起别的选择,绝大多人更喜欢这一个。我们对流行内容看得越多,与现实的偏差就越大。如果你看的东西跟大家一样,那么你想的东西也会跟大家一样。你需要有意识地去觉察自己看的是什么、读的是什么,然后作出自己的选择,而不是让其他人替你选择。

一味求新的代价

我们之所以会被新东西吸引,背后还有一个错误的假设:一个想法若能称得上"创新"二字——我也用用这个时髦词儿——那它必定是全新的。但原创未必等于全新。许多原创想法都源于从回溯中寻找灵感,在旧事物中发现新东西,或者说,用别人没用过的方式看待事物。所以,不要只问"有什么新东西",也要问一问,"有什么旧东西? 10年之后,有什么东西依然还在?"

断章取义的代价

对于事实,我们懒得倾听、细读,甚至连快速浏览都做不到。相反,我们依赖选摘,但它无可避免地会导致断章取义。每一次对作品原意的扭曲,一旦经过报道和转发,就被再次放大。在这个"标题党"盛行的世界里——绝大多数人只看标题、无视内容——读完全诗,是你能做的最具颠覆性的事。你会看见其他人看不见的东西。

练习

练习1：尝试新事物

在这一章里，我们学到了拓宽兴趣有多么重要：这能打开我们的思路，帮助我们接受新想法，发现新的关联。在这个练习中，挑战一下自己，从下面几件事中选一件做：

- 选一个你完全不了解的主题，读一本相关的书或杂志；
- 去参加一个跟你的工作领域毫不相关的行业会议；
- 选一门课，学点新东西（比如画画、陶艺、外语课，随便你选！）；
- 挑一种你平时很少听的音乐风格或类型听一听。

练习2：做点比闲聊更有价值的事

下次结识新朋友的时候，跳过那种浮泛的闲聊，试着提出这样的问题："最近什么事情让你感到特别带劲？""你与众不同的兴趣爱好是什么？""目前你正在做的最有趣的事情是什么？"

第十一章　我不是你的上师

各节重点

成功故事如何愚弄我们

成功故事满足了大众对英雄的渴求，但它们也会误导人。我们看见的只是幸存者，而非失败者。还有一种可能是，有些取得了巨大成功的人，并不是因为他们选择的人生道路有多么正确，而是尽管他们走上了那条路，到最后也还是成功了。当你就快对一个成功故事深深着迷的时候，先暂停一下。提醒自己，你并没有看到全貌。脆弱之处往往隐藏在看似完好无损的表面之下。

梭罗的误导

被我们奉为偶像的那些人，往往活得并没有那么传奇。但这并不意味着他们的建议是错的，这只意味着他们也是人。这也意味着，你需要有所保留地对待他说的东西。当我们拿自己与他人作比的时候，往往会感觉自己矮人一头，这是因为我们在拿自己跟一个幻象比较啊。那个幻象是精心修饰出来的，把一个相当不完美的人变成了一个看上去完美无瑕的版本。

慎重对待建议

在不确定的情况下——换句话说，在人生中——我们往往会假定别人知道我们不知道的东西。可是，他们的论断未必真的那么有见地。他们主要是被自己的人生经历塑造出来的，有时候，这种个人化的人生经历甚至是塑造他们的唯一因素。他们的样本数量只有一个，或者说，他们用"个案"代表了"全体"，在此基础上总结出了充满善意的建议，但其中蕴含的自信却相当令人不安。采纳别人的建议之前——即便给你建议的是值得信赖的人——请你拿出点时间，先暂停一下。去找更多的人征询意见，尤其留意那些意见相左的人。要记住，别人的意见只是"别人"的，那些看法建筑在他们的经历、他们的能力、他们的偏见之上。对你或对你正在做的事，他们的建议可能并不适用。

第五部分　彻底转变

第十二章　放开手，让未来自然发生

各节重点

没人擅长预测未来

预言错得往往远比我们以为的离谱。专家们有经验，与经验伴随而来的是渊博的专业知识。他们能非常清楚地告诉你，在他们的领域内曾经发生过什么；可是，要预测未来会发生什么，他们就没那么在行了。我们花费了如此多的心力，想去预测那些不受我们掌控的事情，为未来可能会发生的事担忧。关注那些你能掌控的事情，忽略其余的。

计划的弊端

尽管人们渴望重返"常态"或是试图预测出"新常态"，但"常态"这种东西并不存在。只有变化。我们不知道哪些做法行得通，或是接下来会发生什么。不确定性是一项特质，而非缺陷。我们应该欢迎它，而不是消灭它。我们越是想寻找一条清清楚楚的光明大道，就越有可能走上已被许多人走过的路途，走出自己道路的机会也就越少。

> **练 习**

练习：蕴藏在不确定中的美好

回想某次你跃入未知时的情形。给那个年轻的你写一封感谢信，告诉他，为什么那个举动给你的人生带来了巨大的影响。

下次当你发现自己犹豫着不敢跃入未知的时候，读读这封信。

第十三章　蜕变

> **各节重点**

重生

就算蜕去了旧皮囊，蛇也还是蛇。但对我们来说，从一种生命状态到另一种生命状态的转变，有时候更为激烈。它需要我们改头换面，彻底转变成另一种形态——就像毛虫蜕变成蝴蝶。当你破茧而出，无穷无尽的可能性正在等待着你。你已经生出了双翅，可以想飞到哪里就飞到哪里。你可以望向那无底的深渊，吓到无法动弹。你也可以放开过往，怀着好奇心，一下接一下地扑闪双翅，看看宇宙会将你引向何处。

奥赞·瓦罗尔的上一本书《像火箭科学家一样思考》意在颠覆认知，放飞思维。而这本新书则在提醒你清理思绪，聚焦视线，进而看清自己的本真模样，即使前路不明也能步伐爽利，让未来自然发生。

—— 吴晓波 财经作家，890新商学、蓝狮子出版创始人

我们正处于被大数据裹挟的环境中，内容总会自动出现在我们眼前，为这种便利付出的代价，就是把选择的自由拱手交出，思维也被禁锢住了。本书作者认为想要冲破算法的壁垒，唤醒内在的天赋，看透事物的底层逻辑，唯有放弃这种便利。唯有通过这些不便，我们才能找到多元化的输入渠道。

—— 刘润 润米咨询创始人

奥赞·瓦罗尔总会让你想要思考。他的新书充满了令人惊讶的故事和引人入胜的发现，可以帮助你重新思考自己的能力。

—— 亚当·格兰特 《纽约时报》畅销书《离经叛道》作者

当赌注很高，未知事物充满威胁，问题似乎无法解决时，你需要一个超级英雄——这意味着你需要奥赞·瓦罗尔。

—— 丹尼尔·平克 《纽约时报》畅销书《驱动力》作者